青海省青藏高原北部地质过程与矿产资源重点实验室资助

青海省纳日贡玛地区斑岩型铜多金属矿成矿规律与成矿预测

Metallogenic regularity and prediction of porphyry-type copper-polymetallic deposits in Narigongma area, Qinghai Province

康继祖　张金明　付彦文　刘长云　薛万文　编著
孙宏亮　赵海霞　张志青　陈　立

中国地质大学出版社
CHINA UNIVERSITY OF GEOSCIENCES PRESS

图书在版编目(CIP)数据

青海省纳日贡玛地区斑岩型铜多金属矿成矿规律与成矿预测/康继祖等编著.—武汉：中国地质大学出版社,2022.12
ISBN 978-7-5625-5471-4

Ⅰ.①青… Ⅱ.①康… Ⅲ.铜矿床-多金属矿床-成矿规律-研究-青海 ②铜矿床-多金属矿床-找矿-研究-青海　Ⅳ.①P618.410.624.4

中国版本图书馆CIP数据核字(2022)第233812号

青海省纳日贡玛地区 斑岩型铜多金属矿成矿规律与成矿预测	康继祖　张金明　付彦文　刘长云 薛万文　孙宏亮　赵海霞　张志青　编著 陈　立

责任编辑：周　旭	责任校对：徐蕾蕾
出版发行：中国地质大学出版社(武汉市洪山区鲁磨路388号)	邮政编码：430074
电　　话：(027)67883511　　传　　真：67883580	E-mail:cbb@cug.edu.cn
经　　销：全国新华书店	http://cugp.cug.edu.cn
开本：787毫米×1092毫米　1/16	字数：224千字　印张：8.75
版次：2022年12月第1版	印次：2022年12月第1次印刷
印刷：武汉中远印务有限公司	
ISBN 978-7-5625-5471-4	定价：125.00元

如有印装质量问题请与印刷厂联系调换

前　言

  青藏高原被喻为"世界屋脊"，以其独特的地质现象和富饶的矿产资源闻名于世，是研究地球科学和地质科研考察的胜地。纳日贡玛地区地处青藏高原腹地，位于青海三江成矿带北端，属于我国"西南三江"成矿带北延部分，主要经历了晚古生代—早中生代的古特提斯演化以及新生代以来的印-亚大陆碰撞造山阶段，经历了长期复杂的构造运动，成矿条件优越。研究区行政划属青海省玉树藏族自治州杂多县，区内交通不便，多为山间便道，路面狭窄，途经泛浆、沼泽路段，且需涉水过河，部分地区需依赖牛马托运。区内水系发育，主要有子曲、扎曲等，是地理上澜沧江发源地之一（图0-1）。

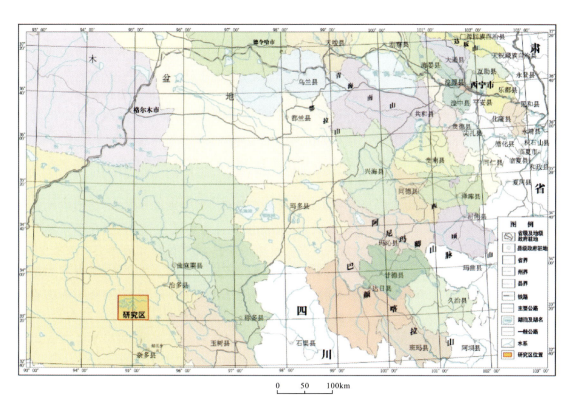

图 0-1　交通位置图

西南三江成矿带是我国最重要的有色金属和贵金属-多金属成矿带之一，锌、铜、锑、银等矿种资源储量占全国资源储量总量比例均超过1/5（高兰等，2016）。近年来发现的以中生代为主成矿期的云南羊拉、普朗铜矿，以始新世为主成矿期的西藏玉龙铜矿，以中新世为主成矿期的冈底斯斑岩型铜矿带（西藏驱龙、甲玛为代表），均证明西南三江成矿带具有巨大的找矿潜力。纳日贡玛地区地处西南三江成矿带北段，受自然条件限制，地质工作程度较低，1∶5万及更小比例尺地、物、化工作基本全面覆盖，除纳日贡玛铜钼矿床主要矿体开展了详查工作以外，陆日格、众根涌等矿床仅开展了少量钻探稀疏验证，其他地球化学异常地区及矿点也仅开展了地表少量槽探工程揭露和踏勘工作。研究表明，该区成矿均与岩体侵位有关，也预示该区在矿产资源勘查方面仍然有很大的开拓空间。

斑岩型矿床是铜钼矿的主要矿床类型之一，是国内外众多学者的关注热点。针对斑岩型矿床的研究在20世纪七八十年代就取得了较大进展（Nielsen，1968），在斑岩型矿床的成矿构造背景、蚀变分带特征、矿物组合特征等方面已有了明确的认识。近些年来，我国科研工作者也在这些方面开展了不同的探索（侯增谦等，2006；魏成等，2012；张宗祥，郑娇，2015；曹冲，申萍，2018；杨超等，2020），并根据斑岩型产出环境，将其进一步划分为：①产出于伸展环境下，与碱性或碱钙性侵入体有关的高氟、Climax型钼矿床；②产出于陆缘弧环境下，与钙碱性或高钾钙碱性侵入体有关的低氟、Endako型钼矿床；③产出于大陆碰撞环境下的碰撞型斑岩钼矿。侯增谦等（2006）还进一步划分了青藏高原碰撞造山演化的三段模式。以中国地质大学（北京）陈建平、郝金华团队及成都理工大学南征兵团队为代表的科研工作者在2005—2010年期间，针对纳日贡玛矿床开展了较多的研究工作，总体上认为青海纳日贡玛地区是西藏玉龙斑岩型铜矿的西延，成矿期为中新世，是典型的斑岩型铜钼矿床。除此之外，2003年中国地质大学（北京）开展了"三江北段（青海段）找矿疑难问题研究"工作，2006年中国地质科学院地质所开展了"三江北段铜、铅锌、银矿床成矿规律及勘查评价技术研究"工作，进一步提高了区域研究程度，但这两次研究工作侧重于对与新生代造山过程相关的逆冲推覆构造体系及其与成矿关系的研究。

综上所述，纳日贡玛地区作为青海三江北段典型的斑岩型成矿集中区，具有形成我国斑岩型铜多金属矿田的成矿潜力。前人的研究成果一直推动着青海三江北段科学研究水平的提升，但需要指出的是：青海三江北段地质勘查程度依然很低，可供研究的典型矿床很少，前人对青海三江北段的整体研究侧重于对与火山岩活动相关的岩浆热液矿床（多彩整装勘查区）和与逆冲推覆有关的MVT型矿床（东莫扎抓、莫海拉亨矿床）的研究，对纳日贡玛地区斑岩型矿床的成矿地质背景、成矿机制及成矿理论与勘查实践的有机结合等问题研究不够，缺少对纳日贡玛地区斑岩型矿床区域成矿模式和找矿模型的全面梳理，弱化了青海三江北段矿产资源的重要战略位置，制约了西南三江成矿带的整体评价。

在此背景下，为全面推进青海省人民政府"358"（即从2008年开始，3年取得地质勘查新进展、新成果，5年实现地质找矿重大突破，8年形成矿产资源勘查开发新格局）工程的实施，2010—2016年，青海省国土资源厅在纳日贡玛地区设立了省级整装勘查区，并配套实施了"青海省杂多县纳日贡玛地区铜钼矿整装勘查区找矿部署研究"项目。通过该项目的实施，首次在纳日贡玛地区（打古贡卡斑岩型铜多金属矿床）获得了古特提斯增生造山阶段斑岩型成矿的直接证据，填补了青海三江北段印支期斑岩型成矿的空白；在空间上自云南普朗、羊拉铜矿向北拓展 1000 余千米，完善了西南三江成矿带斑岩型成矿的时空格架；精细刻画了纳日贡玛地区与斑岩成矿相关的古特提斯增生造山阶段和新生代青藏高原陆-陆碰撞造山阶段两次构造转换和岩浆事件；进一步完善了典型矿床成矿模式，初步建立了区域成矿模式和找矿模型；通过理论指导，新发现打古贡卡斑岩型铜多金属矿床 1 处，初步提交铜铅锌潜在矿产资源 8.19×10^4 t、银 68.91t；开展了成矿预测，圈定 V 级成矿远景区 4 处，划定找矿靶区 17 处。

本书是在该项目的基础上，对研究成果的进一步梳理和浓缩，全面揭示了纳日贡玛地区成矿地质背景和成矿规律，旨在为该区矿产资源规划提供数据和理论储备。本书共分为 5 个部分，前言由康继祖、张志青执笔；第一章第一节和第二节由张金明执笔，第三节和第四节由孙宏亮执笔；第二章由付彦文执笔；第三章由康继祖执笔；第四章由刘长云执笔。最终由康继祖统稿。赵海霞和陈立主要负责本书的插图制作、排版、校稿等工作。在本书的编制、出版、审稿过程中，王贵仁、田永革等老师编制的《青海省杂多县纳日贡玛铜钼矿详查报告》提供了丰富的基础资料，薛万文、王秉璋、李善平、赵俊伟等教授级高级工程师给予了细心的指导，在此表示崇高的敬意和由衷的感谢！

编著者

2022 年 6 月

目 录

第一章 成矿地质背景 (1)
    第一节 地质背景特征 (1)
    第二节 构造特征 (27)
    第三节 地球物理特征 (39)
    第四节 地球化学特征 (47)

第二章 主要矿床特征 (59)
    第一节 矿产概况 (59)
    第二节 区内典型矿床特征 (66)
    第三节 其他矿床(点)特征 (88)

第三章 成矿规律 (93)
    第一节 成矿条件 (93)
    第二节 矿床成因类型组合 (102)
    第三节 矿产时空分布规律 (104)
    第四节 区域成矿模式 (107)

第四章 成矿预测 (114)
    第一节 区域找矿模型 (114)
    第二节 远景区划分 (117)
    第三节 靶区圈定 (120)

主要参考文献 (127)

第一章 成矿地质背景

第一节 地质背景特征

纳日贡玛地区地处羌塘-扬子-华南板块北部,大地构造位置西起阿尔金断裂,东至玉树、甘孜,由北向南可分为松潘-甘孜地块(体)、北羌塘地块(体)及其间的金沙江缝合带(潘桂棠等,2009)。这些构造单元在经历了石炭纪—二叠纪的洋盆扩张、二叠纪—三叠纪俯冲与碰撞,于晚三叠世完成造山作用,形成一个整体,因此也属于古特提斯多岛洋的演化系统(图1-1)。该区也是吸纳和调节印-亚大陆碰撞应力应变的构造转换带(Yin and Harrison,2000),先后主要经历了晚古生代—中生代古特提斯洋的演化和新生代青藏高原碰撞两个阶段。

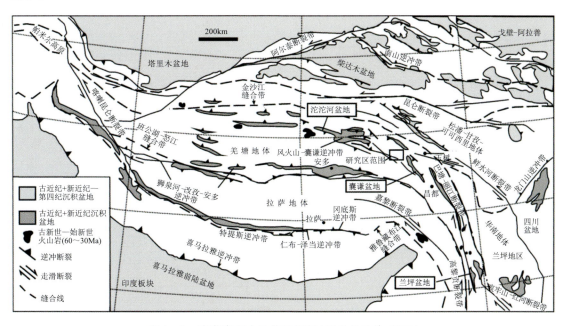

图1-1 青藏高原大地构造框架(据潘桂棠等,2009)

晚古生代—中生代古特提斯洋盆扩张、俯冲造山作用主要表现为金沙江、澜沧江古特提斯洋盆的发育及随后的洋盆向南发生B型俯冲消减,形成陆缘弧火山弧(莫宣学等,1993)。该系列事件基本奠定了区内一级地质框架,造就了区内地层主要为上古生界(石炭系和二叠系)浅海相;三叠纪陆相磨拉石建造、碱性火山岩及不整合的出现,标志着西金乌兰-金沙江结合带构造演化的结束,形成了三叠纪—侏罗纪浅海碳酸盐岩夹陆相碎屑和火山碎屑层建造的主体格架(刘增乾,1988;Yin and Harrison,2000)。

新生代构造阶段,青藏高原新生代构造演化具有明显的3个阶段:古新世—始新世为印-亚大陆碰撞期,主碰撞期为65～41Ma,该阶段高原东部大规模的走滑剪切作用十分强烈;渐新世—中新世为高原隆升奠基期,早期(27～14Ma)地球动力学体制发生明显转换,青藏高原开始区域性整体隆升;上新世—早更新世(5.3～2.6Ma)为高原强烈隆升期。

高原东缘的新生碰撞造山带发育于三江古特提斯构造-岩浆带之上,这个碰撞造山带实际上是一个受控于新生代走滑断裂系统的构造转换带,碰撞阶段的岩浆活动非常强烈,以浅成—超浅成岩浆侵入为主(侯增谦等,2006),构成"2带＋1区"的分布格局。2个岩浆带包括金沙江-红河富碱侵入岩带和岩浆碳酸岩-碱性岩杂岩带。前者受新生代大规模走滑断裂系统的控制,自北部的囊谦逆冲带,经巴塘-丽江和贡觉-芒康断裂带,向南延入红河断裂带,形成规模巨大的、长达1000km的富碱侵入岩带,主要岩相包括富碱的花岗质斑岩、正长岩、正长斑岩、粗面岩、粗面斑岩等,其同位素年龄集中于41～27Ma之间;后者受晚碰撞期活化的走滑断裂控制,自北部的冕宁至南部的德昌,构成长达270km的碳酸岩-正长岩杂岩带,其同位素年龄介于40～28Ma之间。纳日贡玛整个勘查区属于金沙江-红河富碱侵入岩带最北端。

北羌塘-昌都陆块具有统一的扬子型克拉通结晶基底及其下古生界华南型浅变质褶皱基底,区域性缺失下泥盆统,下古生界与中上泥盆统呈不整合接触。该陆块在早古生代是包含扬子陆块在内的华南亚板块的组成部分,但其活动性明显大于扬子陆块;早古生代末是包含扬子陆块在内的东冈瓦纳大陆的组成部分,古特提斯洋的开启使其与扬子陆块分离并独立出来,作为一个结构复杂的微陆,散布于古特提斯多岛洋中,尔后随着古特提斯洋的关闭,被卷入到古特提斯造山带中。晚古生代总体表现为被动陆缘环境,于中二叠世转化为活动陆缘,沟-弧-盆体系形成。晚三叠世以来除沿可可西里-金沙江缝合带南侧发育滞后型火山弧带外,随着古特提斯洋的最终消亡及中特提洋的打开而进入碰撞阶段。中特提斯洋(班公湖-怒江洋)的关闭与印度板块俯冲导致的新生代板内汇聚作用表现十分强烈。岩浆活动与构造活动的时空关系密切,多集中于南、北缝合带附近,而相对稳定的陆块主体部位则主要发育第三纪(古近纪＋新近纪)浅成岩浆活动(刘增乾等,1993)。

一、地层

该地层分区属巴颜喀拉-羌北地层区唐古拉-昌都地层分区,自中元古代至新生代地层均有出露,地层受构造线的控制呈北西-南东向展布,主体为古生代至新生代盆地沉积。地层序列主要由石炭系—新近系的沉积岩和火山岩构成,在昌都地区局部出露少量老的泥盆系和更老的变质岩系,但地表分布有限。地层从早到晚,总体为从海相到陆相沉积演化,泥盆系—石炭系至侏罗系为海相沉积-火山沉积,白垩系至新近系为陆相沉积。

纳日贡玛地区出露地层由老到新有早石炭世杂多群(C_1Z)、早—中二叠世开心岭群($P_{1-2}K$)、晚三叠世结扎群(T_3J)、中侏罗世雁石坪群(J_2Y),以及分布较为局限的古近纪—新近纪沱沱河组($E_{1-2}t$)、雅西措组(E_3N_1y)、查保马组(N_2c)、曲果组(N_2q)和第四系等。其中与铜铅锌等多金属矿密切相关的含矿建造为早石炭世杂多群碎屑岩组、碳酸盐岩组及早—中二叠世开心岭群、晚三叠世结扎群等。

1. 石炭纪地层

早石炭世杂多群(C_1Z)在本区呈北西-南东向带状或断块状分布,受断裂破坏地层出露不全,连续性差,集中分布于本区南部扎曲河两岸的麦多啦—莫海拉亨、然达—杂多县—吉龙赛、巴纳一带,向两侧延伸出图,与早—中二叠世开心岭群($P_{1-2}K$)和晚三叠世结扎群(T_3J)呈断层接触,其上被晚三叠世结扎群甲丕拉组(T_3jp)、中侏罗世雁石坪群(J_2Y)、白垩纪风火山群(KF)及古近纪沱沱河组($E_{1-2}t$)角度不整合覆盖。依据地层分布、岩石组合特征,将杂多群进一步划分为两个非正式组级岩石地层单位,自下而上为碎屑岩组(C_1Z_1)和碳酸盐岩组(C_1Z_2),二者为整合关系。

(1)碎屑岩组(C_1Z_1)

该岩组主要分布于本区扎曲河两岸、麦多拉—莫海拉亨一带及西南部的巴纳一带,呈北西-南东向展布,为一套海陆交互相沉积的碎屑岩。上部为灰色—深灰色泥质板岩、粉砂质板岩、细砂岩、粉砂岩夹石英砂岩及千枚岩,青灰色—灰绿色中薄层状中—细粒长石石英砂岩、长石砂岩,局部夹粉砂岩;中部为青灰色中—薄层状中—细粒长石石英砂岩夹灰黑色泥晶灰岩,青灰色薄层状生物碎屑灰岩夹泥质粉砂岩、粉砂质钙质泥岩,紫红色中层状中粗粒长石砂岩、长石岩屑砂岩夹砾岩;下部以一套灰色—深灰色碎屑岩夹劣质煤线为特征,岩性组合为灰色—深灰色岩屑砂岩,灰绿色粉砂岩,青灰色、浅黄色中—薄层状中—细粒长石石英砂岩夹粉砂岩,灰黑色碳质页岩夹粉砂岩,灰绿色中—薄层状中—细粒长石石英砂岩夹碳质页岩、碳质板岩夹劣质煤线。控制厚度为5 288.35m。

在碎屑岩组中发现有铜、铅金属矿(化)点、石膏矿(化)点和煤矿点,矿化蚀变较强、矿化特征较为明显。因此,该组成矿背景良好,具有一定的找矿潜力。

(2)碳酸盐岩组(C_1Z_2)

该岩组主要分布在杂多县北西-南东吉龙、莫海拉亨一带,但面积相对较小,呈条带状、不规则状产出,与碎屑岩组整合接触,局部呈断层接触,厚度大于1 469.3m,为一套浅海环境下沉积的碳酸盐岩,岩性主要为灰色生物碎屑灰岩、灰岩夹角砾灰岩、鲕粒灰岩、团粒灰岩、泥灰岩及少量细粒石英砂岩和泥岩。

杂多群碎屑岩组和碳酸盐岩组产腕足类 *Gigantoproductus* cf. *giganteus*,*Cleiothyridina* sp.;珊瑚 *Kueichouphyllum* sp.,*Lithotrotion pingtangense*,*Palaeosimilia* sp.,*Dibbunophyllum* sp.;菊石 *Muensteroceras nandonse*;腹足类 *Halopea* cf. *bomiensis*。地层时代属早石炭世维宪期。

在该组中发现有铜、铅、铁矿(化)点,矿化蚀变较强,矿化特征较为明显。从目前发现区内和区外的矿（化）点来看，该组地层为主要赋矿层，与铜、铅、锌等多金属矿化有密切的成生关系。

2. 二叠纪地层

早—中二叠世开心岭群在本区内较为发育，从东南到西北呈带状展布，占据纳日贡玛地区近1/2的面积。区内根据岩性组合划分为诺日巴尕日保组和九十道班组。

(1) 诺日巴尕日保组（$P_{1-2}nr$）

该套地层是区内的主要地层，分布面积较大，分布于纳日贡玛—东莫扎抓、尕荣涌—雅茸赛及耶晓赛—龙卡扎加一带，呈北西—南东向展布，是一套海陆交互相的碎屑岩建造和碳酸盐岩建造，呈不规则状产出，与下伏石炭纪地层呈断层接触，其上与九十道班组整合接触，部分被晚三叠世结扎群甲丕拉组和古近纪沱沱河组角度不整合覆盖，局部有晚期岩体侵入。

依据岩石组合特征，将诺日巴尕日保组划分为下部碎屑岩段和上部火山岩段。

碎屑岩段为诺日巴尕日保组的下部层位，由滨海砂岩、粉砂岩建造组合组成。该岩段主要分布在本区中部独龙能、拉美曲、茸能等地。与早石炭世杂多群为断层接触关系，未见底；与上覆本组火山岩段为整合接触，厚度大于1561m。岩石组合为灰色、灰绿色、灰紫色岩屑长石砂岩、长石石英砂岩、岩屑石英砂岩、泥质粉砂岩、粉砂质泥岩夹含砾粗砂岩、生物屑砂屑灰岩、泥晶生物灰岩。在托吉曲一带，碎屑岩中夹灰绿色玄武岩、安山岩、中基性—中酸性凝灰岩、火山角砾岩。

碎屑岩粒度自下而上由粗变细，然后由细变粗，顶部含砾粗砂岩增多，灰岩和火山岩夹层厚度不稳定，多呈透镜状产出。沉积环境为无障壁海岸前滨-临滨相，古地理单元为弧后盆地近弧带。该岩段Cu、Pb、Zn、Mo、Ag等成矿元素局部富集。

火山岩段为诺日巴尕日保组的上部层位，《青海省纳日贡玛—拉美曲1∶5万矿产远景调查》（2008）曾将其划分为二叠纪尕迪考组。该岩段主要分布在纳日贡玛一带，由海相玄武岩-玄武安山岩建造组合构成。岩性以基性火山岩为主；熔岩类有玄武岩、绢云母化玄武岩、玄武安山岩、辉石安山岩；火山碎屑岩为玄武质角砾凝灰熔岩、中基性岩屑凝灰角砾岩。局部可见有英安岩、流纹岩和中酸性火山碎屑岩。在火山岩中可见砂岩、粉砂岩夹层。

火山岩段与下伏本组碎屑岩段和上覆九十道班组均为整合接触。在横向上火山岩段厚度变化较大，在纳日贡玛以南厚度最大，达1599m以上，向东南部厚度逐渐变薄，至拉美曲一带甚至消失，诺日巴尕日保组的碎屑岩段与九十道班组直接接触。该火山岩段为滨浅海火山盆地喷发环境，古地理单元为弧后盆地近弧带。成矿条件较好，区域上发现有较多的Cu、Pb、Zn、Ag等矿化点与本火山岩段有关，且有的矿化点具一定规模。

在诺日巴尕日保组碎屑岩段和火山岩段灰岩夹层中产腕足类 *Liosotolla cylinrica*, *Orthotichia morganina*, *Martinia* sp., *Spirifer* sp.；珊瑚 *Liangshanophyllum* sp., *Wentzella* sp., *Maagenophyllum* sp.；䗴 *Neoschwagerina douviina*, *Parafusulina* cf. *yabei*, *Pseudofusulina yunnanensis*, *Sphaeroshwagerina* sp.。地层时代为早—中二叠世。

(2)九十道班组（P_2j）

该组呈北西-南东向条带状展布于纳日贡玛—东莫扎抓、尕荣涌—雅茸赛及耶晓赛—龙卡扎加一带，与区域构造线一致；为一套浅海相碳酸盐岩夹少量碎屑岩岩石组合，与下伏诺日巴尕日保组呈整合接触，与石炭纪杂多群呈断层接触，其上被晚三叠世结扎群甲丕拉组和古近纪沱沱河组及特龙赛火山岩组角度不整合覆盖；厚度较大，最厚可达2261m。该组由滨浅海碳酸盐岩建造组合组成。岩性较简单，主要为浅灰色、深灰色中厚层块状生物碎屑灰岩、微晶灰岩、块状灰岩夹砂岩、粉砂岩。层位稳定，相变不大，产丰富的蜓、珊瑚、腕足类等化石。沉积环境为开阔台地相潮汐三角洲亚相，古地理单元为弧后盆地远弧带。

九十道班组产蜓 *Neoschwagerina craliculifera*，*Verbeekina heimi*，*Parafusulina yunnanica*，*Pseadofusulina gruperaensis*；腕足类 *Dictyoclistus* cf. *semireticulatus*；菊石 *Epadrites timornsin*。地层时代为中二叠世。

3. 三叠纪地层

晚三叠世结扎群（T_3J）区内极为发育，分布广泛，主要呈北西-南东向带状分布于众根涌—然者涌—然绕果一带，为一套海陆交互相—浅海相的碎屑岩和碳酸盐岩夹少量火山岩组合。按其岩性组合特征可进一步划分为甲丕拉组（T_3jp）、波里拉组（T_3b）、巴贡组（T_3bg）3个组。

(1)甲丕拉组（T_3jp）

该组呈北西-南东向带状断续分布在昂欠涌、哼赛群、穷木、然者涌等地，呈片状展布，位于结扎群下部，普遍不整合于早—中二叠世开心岭群诺日巴尕日保组、九十道班组之上，与上覆本群波里拉组为整合接触关系；地层厚度各地变化较大，本区北部昂欠涌曲厚度较薄，仅几十米，由西北向东南厚度渐大，最厚达400多米；为海陆交互河口湾相粗碎屑岩建造组合。岩石组合为灰紫色、紫红色、杂色厚层岩屑石英砂岩、岩屑长石砂岩夹复成分砾岩、含砾粗砂岩、长石石英砂岩、泥质粉砂岩及微晶灰岩透镜体。横向上，由东南向西北，碎屑粒度由粗变细，粉砂岩、泥质夹层增多，钙质成分增加，颜色由以紫红色为主变为杂色，厚度逐渐变薄；纵向上，由下而上碎屑粒度由粗变细，属海进层序。常见交错层理、平行层理，层位较稳定。下部产植物化石，中上部见有少量双壳等海相化石。沉积环境为海陆过渡河口湾相潮汐水道亚相。含双壳类 *Trigonodus carniolicus*，*Halobia superbescens*，*H. talaualla*，*Cuspidaria* cf. *alpisciricae*，*Myophorigonia gemaensis*；植物 *Equisetites rogersii*，*E. arenaceus*，*Neocalamites* sp.。地层时代为晚三叠世卡尼克期。

微量元素特征显示Ag元素局部富集，说明在岩屑石英砂岩中Ag元素的成矿可能性较大，目前发现的查纪涌池铜银矿点就赋存在该地层中，成矿前景良好，具有良好的找矿潜力。

(2)波里拉组（T_3b）

波里拉组在结扎群中最为发育，广泛分布于本区东北部和东部及东南部的众根涌上游两侧、东角涌—扎格涌—叶龙达一带及赛次涌、莫海拉亨等地，呈北西向不连续的带状展布；与下伏甲丕拉组和上覆巴贡组均为整合接触关系，与下伏早石炭世杂多群、早—中二叠世开心岭群呈断层接触。岩性主要为灰黄色、青灰色、深灰色含生物泥晶灰岩、亮晶灰岩、白云质生物灰岩、灰质白云岩夹灰色—紫红色岩屑长石砂岩,局部地段见有石膏和安山岩及中基性凝灰岩。化石极为丰富,以底栖类化石为主。含珊瑚 *Montlivatia norica*,*Thecosimilia* sp.;腕足类 *Cubanothyris* sp.,*Rhoetinopsis ovata*,*Koninckina* sp.;双壳类 *Parmegalodus eupalliatum*,*Megalodon* sp.,*Halobia plarirodiata*,*Neomegalodon* cf. *boeckni*;腹足类 *Gradiella* aff. *semigradota*。地层时代以晚三叠世诺利期为主。

(3)巴贡组(T_3bg)

巴贡组不甚发育,主要分布在本区中东部的众根涌、阿夷则玛—白日涌、尼龙嘎、格玛—食宿站及切龙弄、耐千涌等地,基本呈北西向、北西西向展布,形态呈长条状、带状产出;与下伏本群波里拉组为整合接触,与石炭纪、二叠纪地层呈断层接触,古近纪沱沱河组、上新世查保马组不整合于其上,厚度较大,剖面控制厚度达2234m;由海湖相砂岩、粉砂岩夹煤层建造组合组成。岩石组合较简单,主要有灰色—深灰色长石石英砂岩、石英砂岩、粉砂岩、碳质页岩夹灰岩透镜体、煤层。砂岩、粉砂岩、页岩组成韵律层,见波痕构造,为一套海陆交互相含煤层碎屑岩沉积,属河口湾相—三角洲平原相,潮间沙坪—沼泽亚相。动植物化石丰富,含双壳类 *Halobia* sp.,*H.* cf. *austriaca*,*Cardium* sp.;植物 *Hyrcanopteris sevanensis*,*H.* cf. *sinensis*,*Pterophyllum* cf. *joegeri*,*Clathropteris meniscioides*。地层时代为晚三叠世诺利期到瑞潜期。

4. 侏罗纪地层

中侏罗世雁石坪群(J_2Y)分布在本区西南部色汪涌曲一带,与早石炭世碎屑岩组呈断层接触,与早—中二叠世诺日马孕日保组呈角度不整合接触,按其岩性划分为雀莫错组、布曲组、夏里组3个组。该套地层集中分布在本区西南部色汪涌曲—阿涌一带,组成向斜构造,呈北西向长条带状展布,被后期北西向断层破坏。雁石坪群是本区南部解嘎、小唐古拉等地区主要的含矿地层。

(1)雀莫错组(J_2q)

雀莫错组出露于解曲河一带,为雁石坪群下部层位,不整合于早石炭世杂多群之上,与上覆本群布曲组为整合接触,呈窄长条状分布;厚度较薄,仅29m;由滨海砂砾岩建造组合组成。该组底部为砾岩,砾石成分为灰岩、砂岩,主要来自下伏地层杂多群;向上为含砾砂岩、钙质石英砂岩、长石石英砂岩夹粉砂岩、泥质粉砂岩;沉积环境为海陆过渡河口湾相潮汐水道亚相。杂多地区雀莫错组含有丰富的双壳类 *Camptonectes yanshipingensis*,*Corbula* cf. *kidugalloensis*;腕足类 *Burmirhvnchia flabillis*,*B. nyainrongensis*。

(2)布曲组(J_2b)

布曲组在本区西南部色汪涌曲有小面积分布,与下伏雀莫错组和上覆夏里组均为整合接触,地层厚度剖面控制581m;由开阔台地碳酸盐岩建造组合构成。该组岩性较单一,主要有浅灰色—深灰色含生物碎屑不纯灰岩、微晶灰岩、泥灰岩,夹紫红色、灰黄色泥钙质粉砂岩、长石石英砂岩。沉积环境为开阔台地相潮汐三角洲亚相。在布曲组采获珊瑚、双壳类化石。含珊瑚 *Thecosmilia* sp.，*Complexastaea* sp.；双壳类 *Radulopccten* sp.，*Oscillopha* sp.。

(3) 夏里组(J_2x)

夏里组出露在雁石坪群组成的向斜核部，与下伏布曲组呈整合接触，古近纪沱沱河组和上新世曲果组不整合其上，厚度较大，剖面控制厚度达 1307m；由滨海砂泥岩夹灰岩建造组合组成。该组岩石组合单一，主要为紫色、灰色、灰绿色长石砂岩、粉砂岩、泥岩。砂岩中尚见砾岩夹层，粉砂岩中夹灰岩。砂岩、粉砂岩和泥岩交替叠置组成韵律层。砂岩中发育交错层理及波痕，并可见浑圆及椭圆状球形同生结核和钙质团块。由下到上碎屑粒度变粗，砂岩增加，粉砂岩减少，说明海水逐渐变浅，显示海退序列。海水向南西方向退缩。沉积环境为滨海潮坪相潮间带亚相。夏里组产双壳类 *Anisocadie* sp.，*Mactromya* sp.。地层时代为中侏罗世。

5. 古近纪—新近纪地层

(1) 古近纪沱沱河组($E_{1-2}t$)

沱沱河组主要发育在南部和西部海拔较低的地区，在东北部仅有零星露头。受区域性断裂控制，多呈带状北西西向展布。沱沱河组普遍不整合在下伏上古生界、中生界不同时代的地层之上，多数地方不见顶，仅在本区南部局部地区有雅西措组整合覆于其上，剖面控制厚度 613m；属水下扇砂砾岩建造组合，岩性以粗碎屑岩为主。该组下部为紫红色复成分砾岩夹含砾粗砂岩、岩屑砂岩；上部为紫红色厚层—巨厚层中细粒石英砂岩夹复成分砾岩、含砾粗砂岩，偶夹粉砂岩、泥岩及灰岩透镜体。沉积环境为曲流河相—滨浅湖相，古地理单元属走滑拉分盆地。南部邻区在沱沱河组采有孢粉、介形虫和轮藻化石，地层时代为古新世—始新世。在沱沱河地区该套地层中发现有沉积型铅锌矿化。

(2) 渐新世—中新世雅西措组(E_3N_1y)

雅西措组在本区内出露面积甚小，仅在本区西南部扎曲一带有零星分布，与下伏沱沱河组、上覆曲果组均为整合接触关系；由淡水湖相泥灰岩、泥岩、粉砂岩建造组合组成。岩石组合主要为灰色、灰白色薄—厚层泥晶灰岩、泥灰岩，夹砖红色、紫红色薄层泥质粉砂岩、钙质岩屑石英砂岩，局部夹石膏层，厚度 270m。泥灰岩见有泥裂，粉砂岩有波痕、水平层理。沉积环境为淡水湖相浅湖亚相。该组 Cu、Ag 等元素丰度值较高，沿断裂带可形成热液型矿化和多金属化探异常。雅西措组含介形虫化石，本区南部杂多地区采有孢粉化石组合，可与柴达木干柴沟组、油砂山组进行对比。地层时代归为渐新世—中新世。

(3) 上新世查保马组(N_2c)

查保马组分布局限，仅见于本区北部查日弄—昂欠涌一带，与下伏地层晚三叠世结扎群、古近纪沱沱河组、中酸性侵入岩均为不整合接触，未见顶，厚度大于 1886m；由陆相中—酸性火山岩组合组成。岩性主要为浅灰色、灰绿色安山岩、石英安山岩、流纹岩、安山质火山角砾岩、安山质角砾熔岩。岩石中气孔构造、杏仁构造发育，流纹岩中流动构造普遍，并见有球状构造、珍珠构造，具有陆相喷发特征，属钙碱系列。查保马组火山岩的时代晚于古近纪，其岩石组合喷发相和层位可与可可西里西北部的查保马组进行对比，故将其时代定为上新世。

(4)上新世曲果组（N_2q）

曲果组在本区分布很少,仅见于本区南部扎曲北由新生界组成的向斜核部,不整合在早—中二叠世开心岭群、晚三叠世结扎群、中侏罗世雁石坪群之上,与雅西措组平行不整合接触,未见顶,厚度大于1097m；由河流相砂砾岩夹粉砂岩建造组合构成。岩石组合为灰紫色复成分砾岩、含砾粗砂岩、长石岩屑砂岩、长石石英砂岩夹粉砂岩。砂砾岩具粒序层理,砾石磨圆度好,成分复杂,砾岩具平行层理、交错层理。岩石组合特征显示快速沉积山麓盆地冲积扇相沉积环境,古地理单元为陆内盆地拉分盆地相。含介形虫 *Candoniella*，*Subcylindrica*；腹足类 *Galba* sp.，*Succinea* sp.，*Planorbis* sp.等。

6. 第四纪地层

该套地层主要分布于河谷盆地及冲沟的低洼地带,总面积约占本区总面积的2%。成因类型大致可划分两类：一类为与冰川有关的冰碛和冰水堆积；另一类为与河流有关的冲洪积物。岩性主要为冲洪积、冰川堆积、冰水堆积的砾石、砂及亚砂土等,集中形成于中、晚更新世及全新世。

(1)中更新世冰碛层（Qp_2^{gl}）

该层分布在本区北部纳日贡玛—色的日现代冰川下方,以托吉曲中下游最发育,一般位于海拔4300~5000m地带。物质成分为漂砾、砾石、砂、黏土。漂砾多以花岗岩为主,其次为砂岩,粒径最大可达1.8m×1.2m,多在0.8~1.4m之间。常见地貌有冰斗、冰槽谷、终碛垄等。多被现代河流破坏或更新的沉积物覆盖,地貌特征残缺不全。

(2)晚更新世沉（堆）积物

冰碛（Qp_3^{gl}）不发育,主要见于本区西南部昂瓜涌曲两侧,组成冰碛台地,位于中更新世冰碛的上部,多被晚更新世及全新世冲洪积物覆盖。由冰川漂砾、泥砾、砾石、砂组成。见有残留的终碛垄、侧碛垄。热释光年龄为(129.76±6.1)ka/TL。

冰水堆积（Qp_3^{gfl}）主要分布在较大沟谷的上游和现代冰川的前缘沟谷中,位于中、晚更新世冰碛堆积物的上方,见于旦龙贡玛、穷日弄、乌葱察等地,大多位于海拔5200~5400m的地带。物质成分为砾石、砂、泥等,构成冰水扇、垄岗状丘陵、冰水湖等地貌。漂砾巨大,最大达1.6m×1.6m,砾石多为棱角状,砾石间充填细砾、砂、淤泥等。热释光年龄为(76.43±4.77)ka/TL、(122.16±4.14)ka/TL。

洪冲积物（Qp_3^{pal}）分布较广,常见于主要河流中、下游河谷中,构成大型洪冲积扇、河流高阶地。冲积扇下方常被后期冲洪积物叠覆,阶地普遍具二元结构,中下部由砂砾石层组成,顶部多为土黄色亚砂土。含针叶类植物花粉,反映荒漠草原或草原植物景观。

(3)全新世沉（堆）积物

冰碛物（Qh^{gl}）位于现代冰川下方或冰川沟谷中。现代冰川位于海拔5500~5600m处,终年被积雪覆盖,冰雪厚数米至数十米不等,最厚超过100m。冰川形成冰斗、冰川谷、悬谷、猪背脊、角峰等冰川地貌。冰碛物组成终碛垄、侧碛垄和底碛。冰碛物由泥、砂与不同粒径的砾石混杂在一起,砾石无分选、无磨圆,粒径1~5m,砾石成分因地而异。

冰水堆积（Qh^{gfl}）出现在冰碛物的下方,形成冰碛湖、冰蚀洼地,堆积物为灰黄色泥砾、粗—细砂、亚砂土等，无较大漂砾，多分布在海拔4500～5000m处。

沼泽沉积(Qh^{fl})分布面积甚小，仅见于本区西北部，零星点缀在昂欠涌、托吉涌等山间盆地、山前洼地。附近地下水丰富，地势平缓，形成沼泽、湿地。沉积物为深灰色、黑灰色砂质淤泥、细粉砂、腐殖土，少量砂、砾石，植被茂盛。由于气候变化，沼泽逐渐干涸退化。

本区海拔较高，起伏较大，地形复杂，气候潮湿，水系非常发育，洪冲积物(Qh^{pal})容易形成。但由于比高大，水流急，洪冲积物不易保存。因此，洪冲积物分布面积不大。冲积物(Qh^{al})沿河谷分布，构成Ⅰ、Ⅱ级河流阶地和大小不等的洪冲积扇、洪积裙。冲积物在河流和较大冲沟中构成狭窄的河床、河漫滩和Ⅰ级阶地。全新世洪冲积、冲积物以冲积砂砾石层为主，少量砂土，厚度普遍较小。

二、岩浆岩

青南地区岩浆活动广泛发育，按照时段可以划分为4个构造-岩浆演化期，即原特提斯阶段（新元古代—早古生代）、古特提斯阶段（晚古生代—三叠纪末）、新特提斯阶段（晚三叠世—白垩纪末）、喜马拉雅期（白垩纪—古近纪—现今）（侯增谦等，2008）。在空间上可分出9个岩浆岩区（带）（青海省地质调查院，2020），即歇武（甘孜-理塘）中生代构造岩浆岩亚带、结古-义敦构造岩浆岩亚带、通天河（西金乌兰-玉树）构造岩浆岩亚带、巴塘陆缘弧构造岩浆岩亚带、沱沱河-昌都构造岩浆岩亚带、开心岭-杂多构造岩浆岩亚带、若拉岗日-乌兰乌拉构造岩浆岩亚带、雁石坪南坡构造岩浆岩亚带、北羌塘构造岩浆岩亚带。

纳日贡玛地区位于沱沱河-昌都、开心岭-杂多2个构造岩浆岩亚带中（图1-2），岩浆活动主要与金沙江洋于晚古生代向北羌塘地块俯冲-碰撞和新生代印-亚大陆碰撞有关。岩浆活动在海西期、印支期、燕山期、喜马拉雅期均有不同程度的发育，但以燕山期岩浆活动为主，喜马拉雅期次之。在海西晚期出现与洋壳俯冲有关的陆缘弧火山岩和花岗岩浆弧，呈现早期岩浆喷发，后期侵入，向北年龄逐渐变新的特点（王毅智等，2007）；印支期到燕山早期以酸性偏铝质—过铝质的钙碱性侵入岩为主，代表着弧-陆碰撞形成的地壳重熔型花岗岩；燕山中晚期侵入岩可能与南侧班公湖-怒江结合带的演化有关（Roger et al.，2003；陈文等，2005）；喜马拉雅期在新生代盆地内发育中、酸性火山岩（邓万明，孙宏娟，1999），并在纳日贡玛斑岩Mo、Cu矿集区集中发育了与Cu、Mo矿化有关的花岗岩类（杨志明等，2008）。

（一）侵入岩

本区岩浆侵入活动有海西晚期、燕山期、喜马拉雅期，时代从晚三叠世、晚白垩世、古近纪古新世—渐新世到新近纪中新世，岩石类型中绝大多数为酸性岩，少量基性岩（图1-3，表1-1）。其中与成矿有关的有晚三叠世花岗斑岩、花岗闪长斑岩，形成矿床有打古贡卡铜钼矿；古新世黑云母花岗斑岩、石英二长花岗斑岩，与色的日铜钼矿等矿产形成有关；始新世斑状二长花岗岩、正长花岗岩，形成矿床有陆日格铜钼矿；渐新世黑云母花岗斑岩、斜长花岗斑岩、花岗斑岩，形成矿床有纳日贡玛铜钼矿。

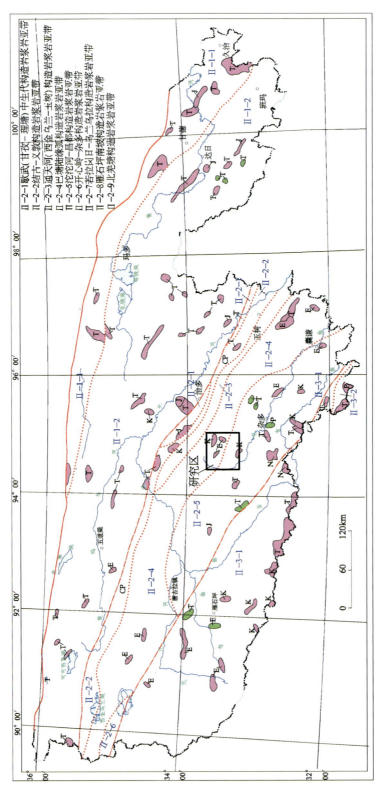

图 1-2 本区中酸性岩体分布图

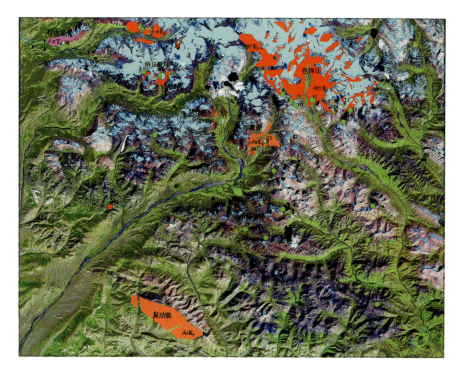

图 1-3 纳日贡玛地区侵入岩分布示意图

表 1-1 纳日贡玛地区侵入岩填图单位划分表

地质年代			岩浆旋回	岩石构造组合	产地	岩性描述	构造演化
代	纪	世					
新生代	新近纪	中新世	喜马拉雅期	与后造山伸展相关的基性岩浆岩组合	鱼晓能	灰色—灰绿色辉绿（玢）岩、灰绿色安山玢岩	后碰撞-后造山
	古近纪	渐新世		与碰撞作用相关的偏铝质—强过铝质高钾钙碱性—钾玄系列岩浆岩组合	纳日贡玛	黑云母花岗斑岩、斜长花岗斑岩、花岗斑岩	
		始新世		与碰撞作用相关的过铝质高钾钙碱性—钾玄系列岩浆岩组合	陆日格	石英二长花岗斑岩、黑云母花岗斑岩	碰撞早期
		古新世		碰撞偏铝—弱过铝质高钾钙碱性岩浆岩组合	色的日	斑状二长花岗岩、正长花岗岩	碰撞
中生代	白垩纪	晚白垩世	燕山期	后碰撞中—高钾钙碱性岩浆岩组合	夏结能	石英闪长岩+闪长玢岩	后碰撞
	三叠纪	晚三叠世	海西期	与俯冲作用相关的高钾钙碱性岩浆岩组合	打古贡卡	花岗闪长斑岩+花岗斑岩	俯冲

1. 晚三叠世侵入岩

晚三叠世侵入岩主要分布于打古贡卡地区,主要岩石类型有花岗斑岩、花岗闪长斑岩,沿南东东向呈椭圆状及条带状分布,与早—中二叠世诺日巴尕日保组呈侵入接触。

打古贡卡斑岩型钼铜矿的形成与该套岩体有关。打古贡卡斑岩型钼铜矿区内侵入岩较为发育,岩石类型以花岗斑岩为主,与诺日巴尕日保组火山岩、砂岩、灰岩呈侵入接触。打古贡卡地区含矿斑岩曾被认为属于新生代纳日贡玛斑岩成矿系统。

花岗斑岩:岩石具斑状结构,基质微粒结构,块状构造。岩石由斑晶和基质组成,斑晶成分为斜长石(约15%)、石英(约4%)和暗色矿物,粒径在0.36～2.16mm之间。斜长石板柱状,绢云母化强烈;石英半自形粒状;暗色矿物呈板状,均被白云母化,并析出铁质。斑晶在岩石中分布均匀,不具方向性排列。基质由石英、长石、不透明矿物组成。石英、长石微粒状,粒径在0.04～0.11mm之间,均匀分布在岩石中,不具方向性排列。长石全部被绢云母化,仅呈颗粒状假象。不透明矿物呈不规则粒状,边缘浑圆,粒度变化大,粒径在0.06～0.32mm之间,均匀分布在岩石中,不具方向性排列。岩石具硅化、黄铁矿化、褐铁矿化蚀变。

斑岩SiO_2含量介于65.18%～70.43%之间,K_2O含量为3.05%～6.76%,Na_2O含量为1.99%～3.47%,以富SiO_2、K_2O、Na_2O为特点,相对贫Fe、Mg、Ca,K_2O+Na_2O含量为5.36～10.43,K_2O/Na_2O为1.53～1.95,里特曼指数(σ)为1.09～4.29。Al_2O_3含量在13.03%～16.64%之间,具有高钾钙碱性系列岩石的特征。稀土总量介于(96.4～151.1)×10^{-6}之间,平均为123.6×10^{-6},总量偏低,LREE/HREE为12.2～18,轻稀土强烈富集,δEu为0.83～0.96,平均为0.92,$(La/Yb)_N$为14.3～26.5。稀土配分曲线均为向右陡倾的富集型曲线,轻重稀土分馏明显,且轻稀土分馏明显而重稀土分馏较弱。微量元素表现出Rb、Th、La、Hf等元素相对富集,而Ba、Nb、Ta、Ti、P等元素亏损,显示出岩浆与俯冲有关的特点,属I型,但在岩浆上侵过程中受上地壳熔融物质的混染,个别岩体在侵入过程中与围岩混染,带有陆壳成分(图1-4)。

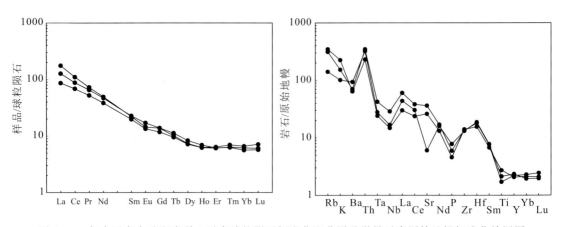

图1-4 打古贡卡含矿斑岩稀土元素球粒陨石标准化配分图及微量元素原始地幔标准化蛛网图

在花岗斑岩中分别获得(240.1±0.89)Ma(青海省地质调查院,2009)和(247±1)Ma(薛万文等,2020)的LA-ICP-MS锆石U-Pb同位素年龄;综合分析花岗斑岩形成时代为中三叠世。结合区域构造演化,本区在二叠纪—三叠纪发生的俯冲活动主要表现为金沙江洋壳向南方的北羌塘陆块俯冲,该构造体系诱发了局部岩浆侵位,造就了打古贡卡斑岩体。

2. 晚白垩世侵入岩

晚白垩世侵入岩主要分布在本区东南侧的夏结能、不群涌一带,主要岩性为石英闪长岩和闪长玢岩,岩体侵位于早—中二叠世诺日巴尕日保组、中二叠世九十道班组以及晚三叠世甲丕拉组等不同时代的地层中,与围岩接触界线关系清楚,接触界线呈不规则状弯曲,岩体边部具明显的细粒化冷凝边,在外接触带有角岩化、硅化及大理岩化、矽卡岩化热变质现象。

在夏结能—不群涌一带可见闪长玢岩与石英闪长岩之间呈渐变过渡,石英闪长岩分布在岩体中心,向边部岩石的结构和成分均发生明显的变化,由细粒粒状结构、角闪石晶形清楚且含量较高渐变为斑状结构、岩石中不见角闪石,并渐变为闪长玢岩,二者之间为涌动接触关系。

石英闪长岩:中细粒半自形粒状结构,块状构造。主要矿物成分:钾长石含量5%;斜长石呈半自形板柱状,环带结构,核心黝帘石化、绢云母化,含量58%~77%;石英为他形不规则状,充填于斜长石晶体空隙中,有时具溶蚀外形,含量5%~10%;暗色矿物为普通角闪石,半自形柱粒状,含量18%~30%,大多已绿帘石化、绿泥石化和次闪石化。副矿物主要有磁铁矿、锆石、磷灰石。磁铁矿呈他形粒状或微粒状,集合体呈浸染状或团块状分布于其他颗粒空隙间。

闪长玢岩:斑状结构,基质具微粒结构,致密块状构造,斑晶由蚀变斜长石(15%~21%)和角闪石假象(1%~8%)组成,斜长石粒径0.8~3mm,呈半自形板柱状,常见绢云母化和高岭土化,在晶体边部常见金属矿物;角闪石呈长柱状,横切面为不规则的六边形,常被褐铁矿、方解石、绿泥石和黏土质等蚀变物代替呈假象产出,粒径0.11~1.37mm。基质由斜长石(30%~55%)、石英(8%~15%)和金属矿物(1%)组成,绿泥石化强烈,颗粒一般为0.01~0.2mm。岩石中有少量的粒状磷灰石、锆石和磁铁矿等副矿物。

闪长岩与石英闪长岩岩石化学成分较均一,SiO_2含量介于57.19%~60.43%之间,Al_2O_3含量为14.81%~17.68%,Na_2O含量为2.3%~8.64%,总体上具有Al、Na的含量较高,大部分岩石$w(Na_2O)>w(K_2O)$、$w(CaO+Na_2O+K_2O)>w(Al_2O_3)>w(Na_2O+K_2O)$的特点,为偏铝质岩石类型。岩石的铝过饱和指数ASI为0.74~1.15,平均值小于1,大部分岩石$w(Na_2O)>w(K_2O)$,表明岩石贫钾富钠;里特曼指数(σ)为1.21~4.89,基本介于1.8~3.3之间,属于中—高钾钙碱性系列。

岩石的稀土总量ΣREE中等,介于$(109.37~167.92)\times10^{-6}$之间;轻稀土中等富集,轻重稀土LREE/HREE平均比值介于4.35~5.44之间,均属轻稀土富集型;δEu值介于0.64~0.92之间,具有弱的Eu负异常。不相容元素K、Rb、Th明显富集,Ta、Ce、Hf、Zr、Sm等元素基本未见异常,Yb等强烈亏损,总体显示了后造山花岗岩的特点。

在夏结能石英闪长岩中获得93.6Ma的K-Ar同位素年龄值(青海省地质矿产局第二

区域地质调查队，1982）。综合其在区域上侵入到晚三叠世甲丕拉组等不同时代地层的区域地质认识和同位素结果，将其时代确定为晚白垩世。表明在区域上晚燕山期造山作用结束后，在开心岭-杂多构造岩浆岩亚带中还有紧随造山地区的变形作用结束后侵入的后造山花岗岩，它是班公湖-怒江结合带造山作用的最后阶段侵入的花岗岩类岩石，可能代表了晚白垩世大陆地壳在经历后造山以后向稳定化发展的转变期。

3. 古新世侵入岩

古新世侵入岩分布于色的日地区，由斑状二长花岗岩和正长花岗岩组成，侵入于晚三叠世结扎群，并被上新世查保马组火山岩不整合沉积接触，与结扎群砂岩、灰岩的侵入接触面外倾，多弯曲呈港湾状，接触界线处烘烤蚀变较强，砂岩已角岩化，灰岩则大理岩化、矽卡岩化，内接触带有大量的围岩捕虏体，并见细粒冷凝边，围岩中有大量岩枝穿插。

在岩体和围岩中广泛发育穿插的花岗质岩脉和石英脉，可分为两期，岩体中心在色的日一带普遍硅化、绢云母化、高岭土化和细脉浸染状黄铁矿化，并普遍具有 Cu、Mo 矿化，形成众根涌铜矿、色的日铜钼矿化点等矿产，且在围岩中矿化较普遍。

斑状二长花岗岩：岩性为肉红色斑状二长花岗岩。岩石灰色—浅肉红色，似斑状结构，基质为中粒—不等粒半自形粒状结构，一般在边部为中细粒粒状结构，块状构造。斑晶主要为钾长石及部分斜长石，斑晶含量为 15%～20%，粒径 0.8～2cm，部分可达 3～4cm，呈自形—半自形板柱状，双晶发育。基质由斜长石（35%～55%）、钾长石（15%～20%）、石英（20%～25%）、黑云母（3%～10%）、角闪石（1%～3%）组成。副矿物为锆石、磷灰石、楣石、磁铁矿。斜长石多为更长石，具有环带构造，少数具聚片双晶；钾长石为条纹长石和微斜长石，具格子双晶和条纹构造，呈他形不规则粒状，少数高岭土化，部分呈 1～3cm 的似斑晶出现，钾长石粒内有斜长石包体，并见斜长石被钾长石交代的现象；石英为他形粒状，黑云母呈片状，多绿泥石化。

正长花岗岩：中细粒花岗结构，部分为似斑状结构，局部见文象结构，块状构造。主要成分为钾长石（60%～75%）、石英（20%～22%）、黑云母（1%～3%）、斜长石（5%～7%）。碱性长石有微斜长石、条纹长石两种，半自形板粒状，具轻微高岭土化；斜长石半自形柱状、宽板状，聚片双晶和环带构造比较发育；石英呈他形粒状，大小不均匀，多分布于其他矿物空隙中，与钾长石相互交生形成明显的文象结构；黑云母半自形鳞片状，多为绿泥石交代。副矿物主要有磁铁矿、锆石等。主要矿物粒径 1～3mm，个别达 5mm。

斑状二长花岗岩的 SiO_2 含量介于 68.07%～76.93%之间，以富 SiO_2、K_2O、Na_2O 为特点，相对贫 Fe、Mg、Ca，岩石的 K_2O+Na_2O 含量在 7.47%～8.43%之间，K_2O/Na_2O 在 0.64～1.62 之间，二者基本相近。大多数岩石 A/CNK 在 0.92～1.04 之间，基本上近于 1。正长花岗岩的 SiO_2 含量介于 69.4%～73.71%之间，以富 SiO_2、K_2O(4.71%～5.98%)、Na_2O 为特点，相对贫 Fe、Mg、Ca，岩石的 K_2O+Na_2O 含量在 9.11%～9.4%之间，K_2O/Na_2O 在 1.04～1.38 之间，二者基本相近。Al_2O_3 含量在 12.78%～14.28%之间，铝过饱和指数 A/CNK 在 0.96～1.07 之间。CIPW 计算结果表明，几乎所有样品都含有标准矿物刚玉分子。岩石化学特征显示这套花岗岩组为偏铝—弱过铝质高钾钙碱性和钾玄岩系列。

稀土总量介于$(186.7\sim318.5)\times10^{-6}$之间,正长花岗岩中稀土含量明显较高;岩石中轻稀土中等富集,轻重稀土 LREE/HREE 平均比值为 12.24~15.44,属轻稀土富集型;但斑状二长花岗岩岩石的 δEu 值为 0.91,基本上无 Eu 负异常或亏损,而正长花岗岩中岩石的 δEu 值为 0.54,具有明显的 Eu 负异常;这两类岩石的 δCe 值为 0.90~0.91,基本上 Ce 无异常(亏损)。这一特征与幔源岩浆有着本质的区别,表明岩浆来自上地壳物质的部分熔融。岩石的 $(La/Yb)_N$ 为 14.33~17.59,Sm/Nd 值为 0.16~0.17。稀土元素球粒陨石标准化的分布形式大致为右倾平滑曲线,轻稀土部分呈明显右倾斜,重稀土部分基本水平。微量元素 Cu、Co、Ni、Pb、Sn 含量高于世界同类花岗岩,不相容元素 K、Rb、Th 明显富集,Ta、Nb、Sm、Hf 轻度富集或无异常,Ba、Y、Yb 等强烈亏损。微量元素蛛网图的分布形式与板内花岗岩相近(图 1-5)。

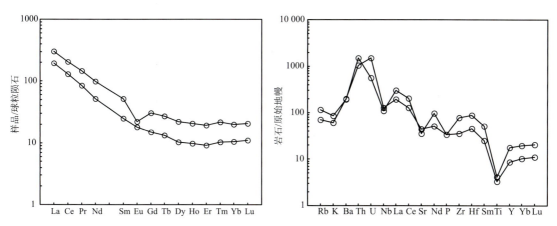

图 1-5　色的日斑状二长花岗岩稀土元素球粒陨石标准化配分模式图及微量元素原始地幔标准化蛛网图

在色的日斑状二长花岗岩单元中取黑云母 K-Ar 同位素测年,获得 41.8Ma 的地质年龄,控巴俄仁正长花岗岩单元中取黑云母 K-Ar 同位素测年,获得 46Ma 的年龄值(青海省地质矿产局第二区域地质调查队,1983),两个侵入体的年龄值一致,因此可以认定该期侵入体的时代为古新世。综合分析该期次侵入体总体为后造山花岗岩中的 POG 类花岗岩,表明白垩纪造山作用结束后,古近纪大陆地壳在经历后造山以后向稳定化发展的转变期形成这一期的后造山花岗岩。

4. 始新世侵入岩

始新世侵入岩分布于陆日格等地区,呈小的岩枝、岩脉状产出黑云母花岗斑岩、石英二长花岗斑岩。与诺日巴尕日保组火山岩呈侵入接触,接触界线清楚,围岩玄武岩普遍已蚀变为青磐岩化玄武岩、角岩化玄武岩。岩体边缘岩石的破碎现象较为发育,具有隐爆角砾成因,为岩体顶部的后期热液在上升后减压沸腾,与前期的斑岩和围岩作用而成破碎现象。正是由于岩浆的多期次侵位,伴随含矿热液的多次上升,斑岩体的顶部及其近岩体围岩经受多次蚀变矿化叠加,从而在接触带位置附近形成陆日格铜钼矿等矿产。

黑云母花岗斑岩呈灰色、浅灰色、浅黄色，具典型斑状结构，块状构造，手标本较浅色花岗斑岩蚀变严重。斑晶主要为石英(20%～25%)、斜长石、钾长石和黑云母，含量30%以上。基质具微晶结构，由石英、斜长石、正长石、黑云母和少量黄铁矿组成，含少量磷灰石、榍石等副矿物。金属硫化物黄铁矿、黄铜矿和辉钼矿以稀疏的浸染状构造分布于斑岩中。

石英二长花岗斑岩具斑状至等粒结构，块状构造。斑晶主要为石英、斜长石和钾长石，基质为微晶结构，矿物成分有石英、斜长石、钾长石、绢云母及少量的黄铁矿。副矿物有锆石、金红石、钛铁矿、榍石和磷灰石等。

陆日格斑岩具略高的 SiO_2（66.7%～72.6%），富 K_2O（3.86%～5.55%）、Na_2O（0.22%～4.05%）、Al_2O_3（12.22%～15.97%），表现为富碱、高钾的特点，A/CNK 值为 1.00～1.66，属于过铝质岩石。

陆日格组合以高硅、高钾为特征，SiO_2 含量为 66.77%～74.14%，K_2O 含量为 3.76%～5.55%，Na_2O 含量为 0.22%～4.05%，Al_2O_3 含量为 12.22%～15.37%，具有低 CaO(0.49%～1.71%)、TiO_2(0.17%～0.79%)的特点，里特曼指数(σ)为 0.97～1.93，平均为 1.55；K_2O/Na_2O 值平均为 6.62，为钾质花岗岩；A/CNK 在 1.0～1.66 之间，平均值为 1.26，为过铝质岩石。该套岩石组合为属于过铝质的高钾钙碱性—钾玄岩系列。

斑岩稀土元素总量为 $(115.41～239.84)×10^{-6}$，平均为 $186.31×10^{-6}$；LREE 为 $(109.87～227.74)×10^{-6}$，平均为 $171.37×10^{-6}$；HREE 为 $(5.54～38.37)×10^{-6}$，平均为 $14.93×10^{-6}$；LREE/HREE 值为 4.96～19.83，平均值为 15.81；δEu 为 0.32～0.64，平均为 0.51。稀土元素标准配分曲线显示出较明显的右倾型，$(La/Yb)_N$ 为 5.38～32.46，表明富集轻稀土元素，轻微富集重稀土元素；其中轻稀土元素分异明显，而重稀土分异不显著，在配分图上显示左陡而右缓的特征。微量元素配分特征，曲线总体呈右倾型，Rb、Th、U 和 K 富集明显，Hf、Sm、Y 和 Yb 等富集度相对较低，在原始地幔标准化配分图中，存在显著的 Ti、Nb 和 Sr 谷，暗示岩浆源区可能经历过俯冲板片流体的交代富集作用(图 1-6)。

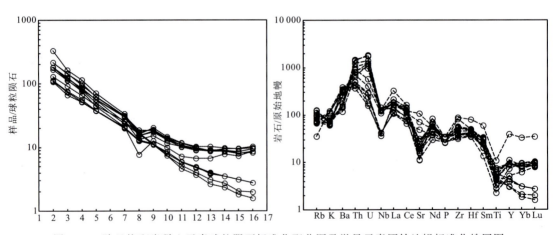

图 1-6　陆日格斑岩稀土元素球粒陨石标准化配分图及微量元素原始地幔标准化蛛网图

陆日格黑云母花岗斑岩、细粒花岗斑岩中分别获得(62.1±0.4)Ma、(61.7±0.3)Ma 的锆石 LA-ICP-MS U-Pb 同位素年龄和 5 件辉钼矿 Re-Os 同位素年龄平均为(60.7±1.5)Ma(郝金华等,2013),说明陆日格地区岩浆活动与矿化时限均为早古新世。

郝金华等(2013)对陆日格含矿斑岩通过 Sr-Nd-Pb 同位素测试获得($^{87}Sr/^{86}Sr$)$_i$ 为 0.702 873~0.705 859,平均值为 0.705 053;($^{143}Nd/^{144}Nd$)$_i$ 为 0.512 573~0.513 204,平均值为 0.512 734;$\varepsilon_{Nd}(t)$ 为 0.23~0.42;亏损地幔年龄(t_{DM})为 0.85~0.73Ga。$^{206}Pb/^{204}Pb$ 值为 19.203 2~19.365 0,$^{207}Pb/^{204}Pb$ 值为 15.685 0~15.658 3,$^{208}Pb/^{204}Pb$ 值为 39.261 6~39.522 8,表明陆日格岩浆物质来源于富集地幔,并有上部地壳的混染。综合分析认为早古新世控制斑岩源区熔融和含矿斑岩侵位的走滑断裂,诱发了减压作用引起软流圈物质上涌,引起俯冲板片流体交代的壳幔过渡带的岩浆源区发生部分熔融,形成含矿岩浆;富含挥发分的含矿岩浆上涌就位于断裂控制部位控制着斑岩体。

5. 渐新世侵入岩

渐新世侵入岩分布于纳日贡玛、红沟、奥纳赛莫能、乌葱察别等地区,以黑云母花岗斑岩为主,次为浅色细粒花岗斑岩、斜长花岗斑岩,呈不规则状小岩株,走向北北东,最大长度 1.85km,南段最宽 1.15km,岩体具绢云母化、硅化等蚀变现象。与早—中二叠世诺日巴尔日保组玄武岩、灰岩呈侵入接触,围岩玄武岩中广泛发育青磐岩化、黄铁矿化蚀变。纳日贡玛含矿斑岩体主体部分是黑云母花岗斑岩,少部分为规模较小、生成时代稍晚的花岗闪长斑岩。斑岩体是矿区铜钼矿化的母岩,除已构成矿体外,岩体普遍具弱的铜钼矿化。围岩普遍青磐岩化、黄铁矿化。

黑云母花岗斑岩:黄白色,斑状结构,块状构造,主要有斜长石、石英、黑云母。斑晶含量 40%~50%,以斜长石为主,少量石英。基质由石英和斜长石组成,具粒状变晶结构,一般粒径小于 0.1mm。但在基质中也出现 0.1~0.5mm 的半自形—他形斜长石与自形—半自形斑晶过渡,在基质中仍能见变余砂状结构的踪迹。

斜长花岗斑岩:岩石呈黄白色,具斑状结构,斑晶有斜长石、石英,少量黑云母。斜长石斑晶粒径可达 0.5~5mm,含量为 30%~40%。石英斑晶粒径小于 0.3mm,含量为 10%~15%。斜长石较复杂,有的呈板粒状、半自形板粒状。石英斑晶形成较早,内部干净,有的系多个晶粒聚合。黑云母叶片状,红褐色,常有金属矿物伴生。基质呈粒状变晶结构,由石英、长石等组成,粒径为 0.1~0.3mm,斜长石一般为他形,少部分为半自形。副矿物有锆石,粒径大于 0.05mm。

花岗斑岩:斑岩结构,斑晶含量大于 30%,主要由石英(5%~10%)、斜长石(5%~30%)、钾长石(2%~10%)和黑云母(2%~5%)组成;基质具有细晶花岗状结构,主要由石英(20%~30%)、正长石(15%~50%)、斜长石(10%~20%)及少量黑云母(0~2%)、黄铁矿(0~1%)组成。含少量磷灰石、榍石等副矿物。

SiO_2 含量介于 69.61%~76.3%之间,平均为 71.05%;Al_2O_3 含量为 11.29%~15.40%,平均为 13.84%;Na_2O 含量为 0.14%~3.67%,平均为 2.47%;K_2O 含量为

1.61%～3.77%,平均为 4.99%。K_2O/Na_2O 值为 0.82～26.14,具有钾质花岗岩的特点,以高钾钙碱性系列为主,少部分为钾玄武系列。岩石具有 $w(Al_2O_3)>w(CaO+Na_2O+K_2O)$,且 MgO 含量极低的特点,铝饱和指数 A/CNK 为 0.94～3.54,变化范围极大;为偏铝质—强过铝质高钾钙碱性、钾玄岩系列岩石。稀土元素总量为 $(52.92～271.9)×10^{-6}$,平均为 $151.8×10^{-6}$,轻重稀土 LREE/HREE 值介于 14.44～21.13 之间,属轻稀土元素富集型,$(La/Yb)_N$ 值为 20.41～33.91,稀土元素分异程度高,δEu 值介于 0.57～0.87 之间,具有明显的 Eu 负异常,稀土元素配分模式图中轻稀土部分呈明显右倾斜,重稀土部分则基本平坦甚至略有左倾。微量元素中整体上表现为 Rb、K、Th 等元素富集,Nb、Ta、Ti、P 等元素相对亏损。斑岩还显示出富 Sr(Sr 平均含量为 $387×10^{-6}$),低 Y(平均值为 $10.6×10^{-6}$)、Yb(平均值为 $1.03×10^{-6}$)的埃达克岩的地球化学特征(图 1-7)。

郭贵恩等(2010)提供的纳日贡玛斑岩型铜钼矿的成矿时代为 $(40.8±0.4)$Ma;郝金华等(2010)对纳日贡玛含矿斑岩进行的锆石 LA-ICP-MS U-Pb 同位素测试结果为 43.4～42.9Ma;宋忠宝等(2011)利用 LA-ICP-MS 测试的纳日贡玛黑云花岗斑岩的形成年龄为 $(41.53±0.24)$Ma,测得纳日贡玛花岗闪长斑岩的形成年龄为 $(41.44±0.23)$Ma;陈向阳等(2013)采用锆石 U-Pb 测得纳日贡玛斜长花岗斑岩的生成年龄为 $(41.0±0.18)$Ma。以上资料均显示纳日贡玛斑岩形成于渐新世。王召林等(2008)获得纳日贡玛辉钼矿 Re-Os 年龄为 40.86Ma,与玉龙铜矿床的成矿斑岩形成年龄 41.3～41.2Ma 较为一致。

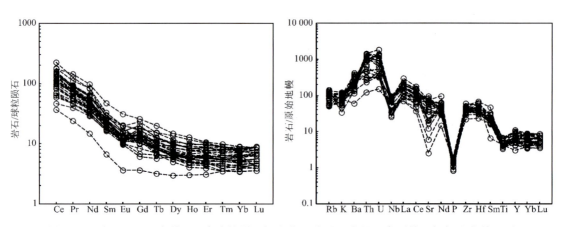

图 1-7 纳日贡玛斑岩稀土元素球粒陨石标准化配分图及微量元素原始地幔标准化蛛网图

前人对纳日贡玛做了 Sr-Nd-Pb 同位素组成分析(郝金华等,2011;杨志明等,2008),结果显示 $^{87}Sr/^{86}Sr$ 初始值介于 0.704 5～0.705 2 之间,多数为 0.705 0;$^{143}Nd/^{144}Nd$ 初始值介于 0.512 5～0.512 6 之间,多数为 0.512 6;$ε_{Nd}(t)$ 多数为正值,介于 0.4～0.7 之间;Nd 同位素亏损地幔模式年龄集中于 0.8～0.6Ga 之间,平均为 0.7Ga。$^{206}Pb/^{204}Pb$、$^{207}Pb/^{204}Pb$、$^{208}Pb/^{204}Pb$ 分别为 18.41～19.31、15.61～15.67、38.60～39.38。纳日贡玛含矿斑岩与玉龙带斑岩 $^{207}Pb/^{204}Pb$ 变化范围相似,但却具有较宽的 $^{206}Pb/^{204}Pb$ 变化范围,Pb

同位素组成更向雅鲁藏布江 MORB 靠拢。Hf 同位素中 $\varepsilon_{Hf}(t)$ 值均为正，变化范围为 1.35～8.68，平均值为＋5.75，显示出亏损地幔特征(吴福元等，2007)，二次模式年龄 t_{DM2} 主要集中于 0.8～0.7Ga 之间。综合分析认为纳日贡玛含矿斑岩是在印度洋向北继续扩张的影响下，青藏高原在陆内 A 型碰撞的晚期转变为伸展环境，导致三江地区走滑拉张(50～30Ma)引起软流圈上涌形成花岗岩浆活动的背景下形成的。

6. 中新世侵入岩

由灰色—灰绿色辉绿(玢)岩、灰绿色安山玢岩两个单元组成。辉绿(玢)岩、安山玢岩(次火山岩)呈椭圆形，规模都很小，主体分布在鱼晓能地区，侵位于早—中二叠世诺日巴尕日保组，并在上新世查保马组中见辉绿(玢)岩脉侵入，明显受北西向断裂控制，出露面积为 0.02～0.6km²；安山玢岩在穷日弄地区呈小独立侵入体侵入于上新世查保马组中，呈北西向串珠状分布，明显受北西向断裂控制和上新世查保马组北西火山盆地的控制，出露面积为 0.02～0.5km²。

辉绿(玢)岩：岩石呈辉绿结构、斑状结构，基质辉绿结构，块状构造，斑晶成分为斜长石(2%)，呈板状，表面被泥化，不均匀钠黝帘石化。在薄片中仅见 1 粒斜长石，粒径为 2.16mm×5.12mm，推测是中—基性斜长石。基质由斜长石(78%)、暗色矿物(18%)及不透明矿物(2%)组成，粒径在 0.54～1.83mm 之间。斜长石柱状，具简单双晶，全部被轻微泥化，推测是中—基性斜长石，在岩石中呈格架状杂乱分布。在格架孔隙之间，充填有暗色矿物和少量不透明矿物。暗色矿物全部被微粒状绿泥石、纤闪石、碳酸盐矿物的集合体取代。

安山玢岩：岩石呈间隐结构、间粒结构、斑状结构、变余间隐结构、变余间粒结构，块状构造。岩石由斑晶和基质组成。斑晶成分为斜长石(30%)和暗色矿物(5%)，粒径在 0.75～6.16mm 之间。斜长石板状、柱状，表面不均匀地被绿帘石化，双晶不明显。暗色矿物呈柱状假象，全部被显微鳞片状矿物取代。斑晶在岩石中分布均匀，方向性不明显。基质由斜长石(29%)、角闪石、隐晶质矿物及不透明矿物(36%)组成，粒径一般在 0.07～0.25mm 之间。斜长石呈板柱状、板条状。在岩石中呈格架状杂乱分布，在格架空隙之间充填有少量角闪石及隐晶质矿物、不透明矿物。

基性岩脉的 SiO_2 含量介于 48.83%～50.84% 之间，以富 CaO、Na_2O、MgO，贫 SiO_2、K_2O 为特点，为碱性系列的岩石类型。辉绿岩、辉绿玢岩的稀土含量中 ΣREE 为 (64.32～168.81)×10⁻⁶，LREE/HREE 值为 4.18～10.7，属轻稀土富集型，δEu 介于 0.95～0.98 之间，基本无负异常，岩石地球化学特征反映该套岩体形成于伸展环境。

(二)火山岩

1. 石炭纪火山岩

石炭纪火山岩零星赋存于早石炭世杂多群中，主要分布于托吉曲上游哼赛青以及本区南侧永崩涌曲一带，呈北西-南东向展布，是本区较早一期的火山活动，火山岩总体呈带状分布，多以夹层状、透镜状等形式赋存于正常海相沉积地层中，岩石有熔岩和火山碎屑岩两大类。熔岩有玄武岩、安山岩、英安岩,火山碎屑岩有晶屑岩屑凝灰岩、英安质凝灰角砾岩、英安质凝灰熔岩等。

根据区域上1:25万杂多幅早石炭世杂多群火山岩岩石化学、地球化学资料,碎屑岩组火山岩SiO_2含量在51.72%～79.37%之间,TiO_2含量为0.21%～2.11%,Al_2O_3含量相对较高。固结指数SI多在10～20之间,表明结晶分异程度较高。与地壳丰度值相比,强烈富集亲石元素Rb、Sr、Ba、Sc、V,亲铁元素Ni及Mo也相对富集,而亲铜元素Te、Ag、Hg及Cl等与参照值相近,其中F、Zr、Zn、V、Ba、Sr元素的含量远远高于地壳的丰度值,Ti、Ce、Yb、P亏损,由微量元素蛛网图上可见曲线呈多"M"形隆起,Rb、La、Nd、Y强烈富集,Sr、Ti、Yb、P具有亏损性的特征。

2. 早—中二叠世火山岩

早—中二叠世火山岩分布于诺日巴尕日保组中,主要分布在区内西南独龙能—拉美曲—矿怕切热一带,呈北西-南东向带状断续出露,火山岩以层状、透镜状赋存于地层中,属裂隙式海相喷发的产物,火山活动较为强烈,不同地段火山喷发韵律有所不同,但总体显示喷溢—沉积—爆发—喷溢—沉积的韵律特点。从整个韵律特征来看,火山活动有弱—强—弱的活动规律。火山岩岩石类型较为复杂,为一套中酸性—中基性熔岩,火山碎屑岩次之,主要有碱性玄武岩、玄武岩、粗面玄武岩、玄武粗安岩、安山岩、粗面英安岩、流纹岩等。

玄武岩:灰色,块状构造,岩石薄片内无斑晶,基质由中长石、普通辉石、磁铁矿、磷灰石等组成。中长石呈柱状晶,柱长在0.05～0.30mm之间,杂乱分布,在它构成的间隙中分布着粒状普通辉石、磁铁矿等,构成间粒结构。普通辉石呈粒状晶,具较强的绿泥石化。其中斜长石占79%、辉石占20%、磁铁矿占1%,磷灰石微量。

更钠长石安山岩:呈灰紫色,斑状结构,块状构造,岩石由斑晶和基质两部分组成。斑晶成分为更钠长石,切面形态呈板状晶,具较强的黏土化,其牌号显著降低,可能与去钙长石化蚀变有关,斑晶大小在(0.468mm×0.70mm)～(1.482mm×4.84mm)之间。基质由钠长石、氧化铁组成,钠长石呈柱状,长径在0.062～0.22mm之间,具黏土化,氧化铁沿钠长石间分布。其中斑晶占45%,主要为更钠长石;基质占55%,其中钠长石含量为52%,氧化铁含量为3%。

火山碎屑岩类:由安山质火山角砾凝灰熔岩、岩屑凝灰角砾岩、英安质熔岩、晶屑凝灰岩组成。

岩石组合有一个相当宽泛的变化范围,岩性有玄武岩、粗面玄武岩、玄武质粗面安山岩、玄武安山岩、粗面安山岩、安山岩英安岩、流纹岩,碱性系列与亚碱性系列并存,亚碱性系列属钙碱性系列,K_2O含量变化大,低钾、中钾、高钾乃至钾玄岩系列都有(图1-8),Na_2O/K_2O值在0.7～55之间,平均值为9,为钠质类型,这些特征显示了成熟岛弧的特征(图1-9)。稀土总量为$(89.59～207)×10^{-6}$,$(La/Yb)_N$为3.4～32.1,δEu为0.81～1.1,平均值为0.96,基本无异常,稀土配分曲线为右倾的平滑曲线(图1-10)。微量元素具高Sr$[(289～1825)×10^{-6}]$和较高Y$[(6.18～37.5)×10^{-6}]$的特征,Th/Ta平均值为8.6,也显示了岛弧火山岩的特征。

微量元素中 Cu、Pb、Zn、Cr、V、Ga、Sr 略高于维氏值,而 Ni、Co、Ti、Mn、Ba 略低。

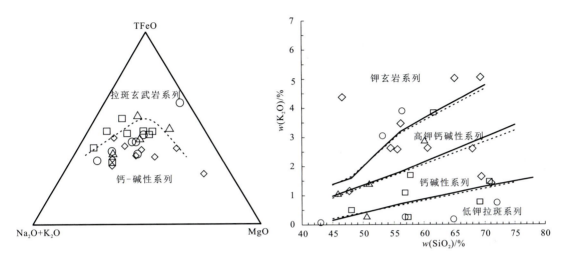

图 1-8　玄武岩岩石系列 TFeO-(Na_2O+K_2O)-MgO(FAM)图和岩石系列 K_2O-SiO_2 图解

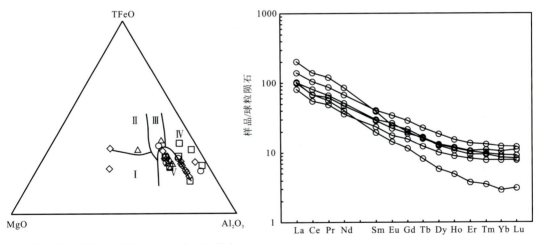

Ⅰ.洋中脊或洋底；Ⅱ.洋岛；Ⅲ.大陆；Ⅳ.扩张性中央岛；Ⅴ.造山带。

图 1-9　玄武岩 TFeO-MgO-Al_2O_3 判别图(FMA)

图 1-10　诺日巴尕日保组火山岩稀土元素球粒陨石标准配分模式图

3. 早三叠世火山岩

早三叠世火山岩分布于甲丕拉组、波里拉组、巴贡组中,主要出露于研究区东南部特龙赛一带,向东延至然者尕哇切吉—尕少木那赛一带。火山岩整体变质程度低,岩性横向变化不大,各地段岩性组合其喷发韵律表现不一致。以中基性火山岩为主,夹火山碎屑岩,由喷溢—喷发4个完整的韵律和喷发相—爆发-溢流相火山韵律组成。Ⅰ、Ⅱ、Ⅲ、Ⅳ韵律由爆发-溢流相构成,火山岩岩性组合呈凝灰岩-安山岩、玄武岩,火山活动经历了由强烈的爆发到宁静的溢流的活动过程。其中Ⅱ韵律阶段喷溢期较长,出露面积较大,厚度为683.73m,岩性以强蚀变玄武岩为主。

强蚀变橄榄玄武岩:斑状结构,基质具间隐结构,杏仁状构造。岩石由斑晶和基质组成。斑晶主要由橄榄石(3%)、普通辉石(2%)、斜长石(55%)组成,含量为岩石成分的60%左右。斜长石呈自形板柱状晶体,聚片双晶发育,双晶带较宽,被绢云母、绿帘石、绿泥石和含有Fe_2O_3的高岭土交代,可见保留着晶体的假象;橄榄石呈自形柱状晶体,次生变化后完全被绿泥石交代;普通辉石呈自形短柱状晶体,次生变化后完全被绿泥石、绿帘石交代。基质由拉长石、基性磁铁矿等组成,含量为岩石成分的40%左右。拉长石(25%)呈微晶体,呈格架状分布,基性玻璃(12%)不甚均匀地充填在其空隙中,经脱玻化作用后被绿泥石、绿帘石、磁铁矿(2%)交代。

杏仁状安山岩:灰绿色,斑状结构,基质具交织结构,杏仁构造,岩石由斑晶和基质两部分组成,其中斑晶由斜长石和普通辉石组成,粒径一般在0.32～4.00mm之间。斜长石占17%,呈板柱状,具环带结构,在边缘部分测得An在26左右,属更长石,中心部位以绢云母化为主并有隐晶绿帘石析出。普通辉石占3%,具四边形和六边形,以碳酸盐化和绿帘石化为主。基质由粒径0.05～0.30mm的斜长石(74%)、绿帘石(14%)、绿泥石(6%)及褐铁矿化磁铁矿(6%)组成,斜长石呈条板状做半定向排列构成基质的交织结构。岩石中的杏仁体占5%,由次生绿泥石、绿帘石和方解石充填气孔形成,多呈不规则外形。

岩石化学组成相对均匀,岩石以低SiO_2(均值为47%)、高Al_2O_3(均值为16.66)、中TiO_2(均值为1.56%)为特征,Na_2O含量在0.75%～6.88%之间,K_2O含量在0.12%～2.89%之间,Na_2O/K_2O平均值为9.36,为钠质火山岩。岩石类型主要为玄武岩和粗面玄

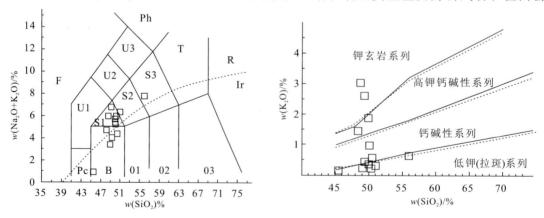

Pc. 苦橄玄武岩;B. 玄武岩;O1. 玄武安山岩;O2. 安山岩;O3. 英安岩;R. 流纹岩;S1. 粗面玄武岩;S2. 玄武质粗面安山岩;S3. 粗面安山岩;T. 粗面岩、粗面英安岩;F. 副长石岩;U1. 碱玄岩、碧玄岩;U2. 响岩质碱玄岩;U3. 碱玄质响岩;Ph. 响岩;Ir. Irvine分界线,上方为碱性,下方为亚碱性。

图1-11　早三叠世火山岩全碱-硅(TAS)分类图和岩石系列K_2O-SiO_2图解

武岩,碱性与亚碱性并存(图1-11),钾含量变化很大,低钾拉斑玄武岩系列到钾玄岩系列均有,亚碱性系列岩石为拉斑玄武岩系列。ΣREE在(65~126)×10^{-6}之间,(La/Yb)$_N$在3.7~5.9之间,δEu在0.79~1.05之间,具向右缓倾,轻重稀土分馏程度相似,Eu基本无异常。Th/Ta值在2.8~9.4之间,平均值为5.4。综合分析认为该套火山岩属于典型的高铝玄武岩,更可能形成于与洋陆俯冲作用相关的岛弧环境(图1-12)。微量元素Cu、Cr、Ni、V、Ti等在玄武岩中较高(图1-13),而在其他岩石中接近或略低于维氏值。

在甲丕拉组火山岩中获得236~219Ma的锆石SHRIMP及K-Ar年龄(Wang et al., 2008)。

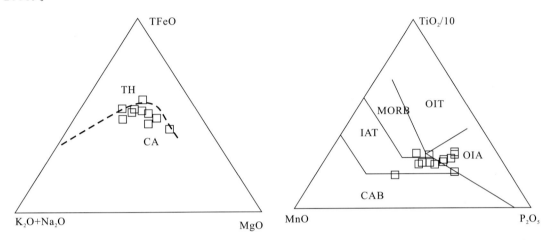

TH. 拉斑玄武岩系列;CA. 钙-碱性系列;OIT. 大洋岛屿拉斑玄武岩;MORB. 洋中脊玄武岩;CAB. 钙碱性玄武岩;OIA. 大洋岛屿碱性玄武岩;IAT. 岛弧拉斑玄武岩。

图1-12 早三叠世玄武岩岩石系列 TFeO-(K$_2$O+Na$_2$O)-MgO(FAM)图和玄武岩构造环境 TiO$_2$-10×MnO-10×P$_2$O$_5$ 图

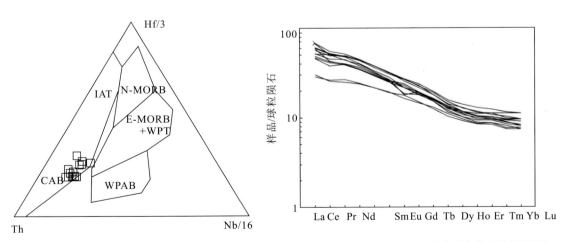

PAB. 板内玄武岩;CAB. 钙碱性玄武岩;N-MORB. 正常洋中脊玄武岩;E-MORB+WPT. 富集洋中脊和板内拉板玄武岩;IAT. 岛弧拉斑玄武岩。

图1-13 早三叠世玄武岩构造环境 Hf/3-Th-Nb/16 判别图和稀土元素球粒陨石配分模式图

4. 新近纪火山岩

新近纪火山岩分布于色的日—让查日一带,火山岩赋存于上新世查保马组中,明显地不整合于晚三叠世结扎群各岩组、喜马拉雅早期的色的日似斑状花岗岩之上,并分属于碰撞岩石构造组合与后碰撞钾玄岩-高钾钙碱性岩亚组合。该火山岩与本区成矿关系尤为密切。

主要岩石类型有流纹岩、安山岩、安山玄武岩、安山质角砾熔岩,其次为英安质凝灰熔和少量凝灰岩及极少的珍珠岩。火山岩系中基本无正常沉积夹层,更无海相沉积夹层存在。火山岩层不具水下喷出所特有的枕状构造,火山熔岩中具有陆相熔岩所特有球状构造,如珍珠岩的珍珠构造。

流纹岩:岩石为浅肉红色或灰白色,斑状结构,基质具交织结构或微粒状结构,流纹构造。斑晶主要为钠长石、钾长石、石英,含量约9%,斑晶粒径为0.1~0.5mm。基质为长石、石英及少量绢云母、黏土矿物、副矿物。斑晶中斜长石半自形—他形板柱状,局部可见被石英交代,钾长石具卡氏双晶,为正长石、石英他形粒状。

安山岩:灰白色—灰色,斑状结构,基质具微粒结构及胶质结构。斑晶主要为斜长石及少量石英、黑云母。斜长石半自形,板柱状,具绢云母化。黑云母完全被碳酸盐岩和白云母交代,斑晶含量一般为11%~15%,斑岩粒径一般为0.5~2mm。基质由斜长石,石英及少量绢云母、碳酸盐岩组成,粒径一般为0.01~0.3mm。

安山玄武岩:灰色,斑状结构,基质具交织—间片、间粒结构,块状构造或杏仁状构造。斑晶由斜长石及少量暗色矿物组成。斜长石半自形板柱状,局部可见碳酸盐化和绢云母化。斑晶含量约20%,粒径一般为1~2mm。基质由斜长石、绿泥石、磁铁矿、碳酸盐岩组成。

安山质角砾熔岩:灰绿色或褐铁灰色,角砾成分主要为安山岩,局部见有流纹岩及沉积岩角砾。角砾直径一般为2~8mm,分选性不好,次棱角状。胶结物主要由长石、石英晶屑和火山灰组成,胶结类型主要为孔隙式。

岩石化学组成以高的全碱性为特征,ALK为5.78~9.26,平均值为7.9,Na_2O/K_2O值为0.03~2.8,为钾质火山岩,个别具富钠的特征,Na_2O/K_2O值为12~19,其他元素有一个十分宽泛变化范围,火山岩全碱-硅(TAS)分类图(图1-14)中岩石类型主要为玄武质粗面安山岩、粗面安山岩、粗面岩、流纹岩。经综合判别,该套火山岩为碱性系列火山岩。

ΣREE为$(116~347)\times 10^{-6}$,$(La/Yb)_N$为3.61~16.1,δEu为0.12~1.01,稀土元素球粒陨石配分模式图中明显具有两种配分模式,第1种为海鸥型,第2种为右倾平滑型。Sr含量为$(12.6~98)\times 10^{-6}$,变化范围大,也可分为两组,即低Sr$[(12.6~13.1)\times 10^{-6}$,与海鸥型相对应]与中高Sr$[(145~988)\times 10^{-6}$,与右倾平滑型相对应],Y为$(16.75~63.11)\times 10^{-6}$,含量较高。因此火山岩具有两种类型,海鸥型稀土元素配分模式图的流纹岩岩石化学面貌明显与A型花岗岩相似,类似于板内构造环境,而右倾平滑型不好确定,这种组合可以形成于多种环境。

据部分学者研究认为(莫宣学和潘桂棠,2006),印度板块与欧亚板块约在65Ma开始碰撞,完成碰撞的时间在45~40Ma之间,大致从45~40Ma开始青藏高原进入后碰撞期。两大陆块发生碰撞后,青藏高原进入隆升和大规模的陆内变形时期,地壳急剧缩短。该地区早在二叠纪—三叠纪时期经历特提斯洋的闭合,即发生了强烈的洋陆俯冲作用,形成富钾的交代富集地幔源区;在古近纪,青藏高原以及三江地区随着山脉的强烈隆生作用,即由挤压转为引张,进入后碰撞伸展期,残留的富集地幔在碰撞后的伸展构造背景下,由于软流圈上涌的作用,发生部分熔融而形成了这套高钾的碱性火山岩。

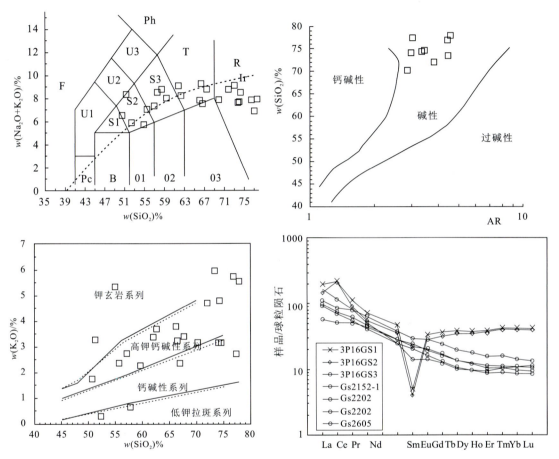

Pc. 苦橄玄武岩;B. 玄武岩;O1. 玄武安山岩;O2. 安山岩;O3. 英安岩;R. 流纹岩;S1. 粗面玄武岩;S2. 玄武质粗面安山岩;S3. 粗面安山岩;T. 粗面岩、粗面英安岩;F. 副长石岩;U1. 碱玄岩、碧玄岩;U2. 响岩质碱玄岩;U3. 碱玄质响岩;Ph. 响岩;Ir. Irvine 分界线,上方为碱性,下方为亚碱性。

图 1-14 新近纪火山岩岩石地球化学相关图解

三、变质岩

本区变质岩除新生代地层外,其余岩石地层均经历了不同程度的变质作用叠加改造,主要为区域变质作用,其次为接触变质作用及动力变质作用。区域低温动力变质作用和区域埋深变质作用形成的浅变质岩出露广泛,构成区内变质岩的主体。动力变质岩、接触变质岩沿断层、岩体附近分布。变质期可分为海西期、印支期、燕山期、喜马拉雅期。

(一)区域变质作用及变质岩

根据变质岩石特点,区内变质作用类型为海西期、印支期低温动力变质作用。

区域低温动力变质作用叠加在二叠纪和三叠纪岩石中形成变质岩,岩石变质均匀,程度轻微,岩层基本层序清楚,原岩组构保留较好,以发育板理、劈理及层间褶皱变形为特征。按变质变形特点及变质期可分为海西期区域低温动力变质岩和印支期区域低温动力变质岩两类。

1. 海西期区域低温动力变质岩

海西期区域低温动力变质岩广泛分布在二叠纪地层中,变质岩石类型有变砂岩、板岩、千枚岩、变质中基性—酸性火山岩、变质火山碎屑岩、变质碳酸盐岩等,出现的变质矿物有绢云母、绿泥石、绿帘石、阳起石、钠长石、石英、方解石等。变质矿物组合为 Ser＋Chl＋Cal、Ser＋Chl＋Ab＋Cal＋Qz(变质碎屑岩)、Ab＋Chl＋Act、Ab＋Chl＋Ep＋Ser＋Qz、Ab＋Chl＋Ser(变质火山岩)。其变质作用为低绿片岩相,且变质岩石中未见雏晶黑云母,变质程度属绢云母绿泥石级,岩石变形较强,沿强变形域可见有紧闭的同斜褶皱、不对称褶皱及褶劈构造。

2. 印支期区域低温动力变质岩

印支期区域低温动力变质岩主要分布在晚三叠世结扎群中,变质岩石类型主要有变质砾岩、变质砂岩、板岩、千枚岩、变质火山岩、变质火山碎屑岩、变质碳酸盐岩,变质矿物有绢云母、绿泥石、绿帘石、阳起石、钠长石、石英、方解石等。变质矿物共生组合为 Ser＋Chl±Cal＋Qz、Ser±Chl＋Ab±Qz(变质碎屑岩类)、Ab＋Chl＋Act、Ab＋Ep＋Chl＋Ser＋Qz、Ser＋Chl±Ab(变质火山岩类)、Cal＋Ser±Qz、Ab＋Cal(变质碳酸盐岩类)。根据变质岩石中出现的特征变质矿物共生组合,其变质作用为低绿片岩相,变质程度属绢云母-绿泥石级,但构造变形较弱,多形成宽缓褶皱,且变质透入程度也较海西期变质差。

(二)动力变质作用及变质岩

在区域变质作用的基础上,沿构造带叠加有动力变质作用而形成动力变质岩,区内仅见脆性动力变质作用形成的变质岩。脆性动力变质岩沿本区脆性断裂带分布,岩石以碎裂作用为主要变形,形成的变质岩石类型有构造角砾岩、碎裂岩、碎裂岩化岩石等,新生变质矿物很少,主要有葡萄石、绿纤石、绿泥石、绢云母、钠长石、方解石等。据变质岩石中出现的特征变质矿物,其变质作用属葡萄石相和葡萄石-绿纤石相,是表部构造层次的脆性动力变质作用的产物。脆性动力变质作用具多期活动叠加的特点,变质作用一直影响到古近纪地层。

(三)接触变质作用及变质岩

据现有资料,接触变质作用可分为热接触变质作用和接触交代变质作用,并形成相应的变质岩及变质矿物组合。

1. 热接触变质作用和变质岩

热接触变质作用和变质岩主要分布于喜马拉雅期侵入岩与围岩接触地带及其附近,多呈不规则环带状分布,宽数十米至数百米不等,部分地段发育不完全的热接触递增变质带。据矿物共生组合及变质岩石特点,钠长绿帘石角岩相热接触变质相为本区热接触变质作用的主体相,在喜马拉雅期侵入体周围极发育,并与 Cu、Mo 的矿化有关,主要分布于角岩化砂岩带和角岩化带。岩石类型有角岩化粉砂岩、角岩化长石石英砂岩、角岩化安山岩及黑云母长英质角岩等。变质矿物组合为 Bi+Ep+Qz、Bi+Mu±Qz、Bi+Ser±Mu±Chl±Qz(泥质长英质岩),Act+Bi+Ep、Act+Ab+Chl(基性变质岩),Cal+Qz、Cal+Chl+Ser+Qz(碳酸盐岩)。

2. 接触交代作用和变质岩

接触交代作用和变质岩主要分布于喜马拉雅期侵入岩与二叠纪、三叠纪碳酸盐岩的外接触带中,多呈脉状、似层状、扁豆状、串珠状、囊状产出,一般规模不大,但与有色金属矿化关系密切,区内有很多铜、钼、铅、锌等金属矿化点产于各种矽卡岩中而备受关注。

矽卡岩岩石类型有透辉石矽卡岩、透闪石矽卡岩、石榴石矽卡岩、硅质矽卡岩、含石榴绿帘石矽卡岩等。变质矿物组合为 Tl+Cal±Do+Ep+Pl+Q、Tl+Ep+Chl+Bi、Tl+Act+Chl+Cal±Bi、Di+Ep+Cal+Grt+Q±Sc±Wl、Crt+Di+Q+Cal、Cal+Wl、Ep+Grt+Cal+Q 等。

部分地段侵入岩与碳酸盐岩外接触带形成透辉石矽卡岩—透闪石矽卡岩—大理岩的阶段交代递增变质带。

第二节 构造特征

一、构造单元特征

据《中国矿产地质志·青海卷》(2020)划分方案,本区一级构造单元属羌塘-扬子-华南板块(Ⅱ)、二级构造单元为羌塘-三江古生代—中生代造山带(Ⅱ-2),三级构造单元跨沱沱河-昌都弧后前陆盆地(Ⅱ-2-5)和开心岭-杂多陆缘弧带(Ⅱ-2-6)(图 1-15,表 1-2)。

1. 沱沱河-昌都弧后前陆盆地

该盆地呈北西西向沿乌兰乌拉湖—索加—囊谦一带分布。北以西金乌兰湖北-玉树断裂和巴木曲-格拉断裂与巴塘陆缘弧毗邻;南以乌丽-囊谦断裂和乌兰乌拉湖北缘-楼都日-巴列断裂与开心岭-杂多陆缘弧和若拉岗日-乌兰乌拉中生代结合带分开。受控于北、南两个洋盆发育和消亡碰撞造山机制的盆地系统,大体经历了洋盆扩张期的大陆边缘盆地,洋盆俯冲期的弧后盆地和洋盆消亡碰撞造山期因构造反向发生相向对冲的前陆盆地演化历程。

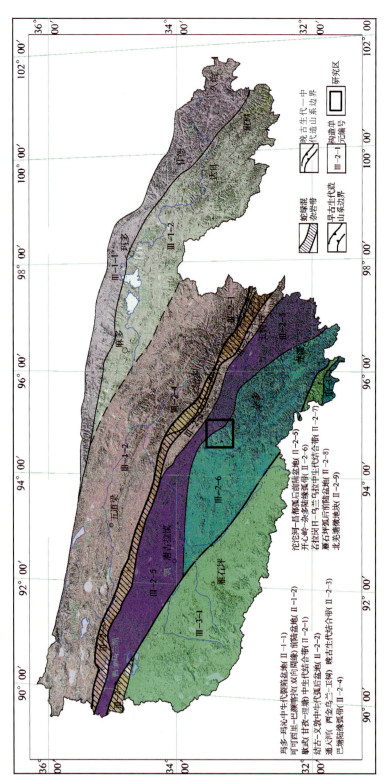

图1-15 本区区域大地构造位置(据青海省地质矿产勘查开发局,2020)

表 1－2 羌塘-扬子-华南板块构造单元划分表（据青海省地质矿产勘查开发局，2020）

一级	二级	三级	四级	
羌塘-扬子-华南板块 Ⅱ	可可西里-巴颜喀拉中生代造山带（Ⅱ-1）	玛多-玛沁中生代裂陷盆地（Ⅱ-1-1）	Ⅱ-1-1-1 玛曲洋岛-海山（P$_{1-2}$）	
			Ⅱ-1-1-2 忝义生都-久治无洽绿岩碎片的浊积岩（T$_{1-2}$）	
			Ⅱ-1-1-3 扎日加-年保玉则岩浆弧（T$_3$-J$_1$）	
		可可西里-巴颜喀拉（双向周缘）前陆盆地（Ⅱ-1-2）	Ⅱ-1-2-1 可可西里-巴颜喀拉前渊盆地（T）	
			Ⅱ-1-2-3 扎朵-年保玉则岩浆弧（T$_3$-J$_3$）	
	羌塘-三江古生代-中生代造山带（Ⅱ-2）	歇武（甘孜-理塘）中生代结合带（Ⅱ-2-1）	Ⅱ-2-1-1 扎日日荣-歇武增生南岩楔（T$_{2-3}$）	
			Ⅱ-2-1-2 治多火山弧（T$_{2-3}$）	
			Ⅱ-2-1-3 查浦北弧前构造高地（T$_{2-3}$）	
			Ⅱ-2-1-4 歇武-查浦蛇绿岩（T$_{2-3}$）	
		结古-义敦中生代弧后盆地（Ⅱ-2-2）		
		通天河（西金乌兰-玉树）晚古生代结合带（Ⅱ-2-3）	Ⅱ-2-3-1 当江-玉树增生岩楔（CP$_2$）	
			Ⅱ-2-3-2 多彩岗日-金来洋岛-海山（CP$_2$）	
			Ⅱ-2-3-3 隆宝镇贡特涌火山弧（CP$_2$）	
			Ⅱ-2-3-4 西金乌兰-玉树-金沙江蛇绿岩（CP$_2$）	
			Ⅱ-2-3-5 玻合涌玉树岩浆弧（T$_3$-J$_1$）	
		巴塘陆缘弧带（Ⅱ-2-4）	Ⅱ-2-4-1 甲不拉（弧后拉近）前渊盆地（T$_3$）	
			Ⅱ-2-4-2 巴塘火山弧（T$_3$）	
			Ⅱ-2-4-3 雅不谷岩浆弧（J$_2$）	
		沱沱河-昌都弧后前陆盆地（Ⅱ-2-5）	Ⅱ-2-5-1 小苏莽陆缘裂合（Pt$_1^3$）	
			Ⅱ-2-5-2 俄达松多陆缘斜坡碎屑岩（O$_1$）	
			Ⅱ-2-5-3 哈贡马-达玛后弧后前陆盆地（P$_{1-2}$）	
			Ⅱ-2-5-4 野牛坡-下拉秀弧后前陆近前渊盆地（T$_3$－J$_3$－K$_2$）	涉及本区
			Ⅱ-2-5-5 勒涌达-宁多岩浆弧（T$_{1-2}$）	

续表 1-2

一级	二级	三级	四级	涉及本区
羌塘-扬子-华南板块 Ⅱ	羌塘-三江古生代—中生代造山带（Ⅱ-2）	开心岭-杂多陆缘弧带（Ⅱ-2-6）	Ⅱ-2-6-1 杂多陆表海（C_{1-2}）	
			Ⅱ-2-6-2 扎日根-打前龙火山弧（P_{1-2}）	
			Ⅱ-2-6-3 达哈贡玛-日阿涌近陆弧后陆盆地（P_3）	
			Ⅱ-2-6-4 扎西地玛涌火山弧（J_1）	
			Ⅱ-2-6-5 乌丽-结统-结多-多都弧后前陆盆地（J_1K_2）	
			Ⅱ-2-6-6 扎西地玛涌-东莫扎抓岩浆弧（T_{1-3}）	
		若拉岗日-乌兰乌拉中生代结合带（Ⅱ-2-7）	Ⅱ-2-7-1 黑熊山南增生杂岩楔（T_{2-3}）	
			Ⅱ-2-7-2 黑熊山-乌石峰火山弧（T_{2-3}）	
			Ⅱ-2-7-3 连水湖北-楚玛尔河南前构造高地（T_{2-3}）	
			Ⅱ-2-7-4 狮头山高压变质（T_3）	
			Ⅱ-2-7-5 乌兰乌拉湖蛇绿岩（T_3）	
		雁石坪弧后前陆盆地（Ⅱ-2-8）	Ⅱ-2-8-1 果阿-尕羊碎屑岩表海/碳酸盐岩陆表海（C_1）	
			Ⅱ-2-8-2 九二道班-九六道班弧后陆盆地（P_{1-2}）/纳保扎陇-雀莫错近陆弧后盆地（P_3）	
			Ⅱ-2-8-3 布曲-温泉兵站（弧后前陆盆地）前渊盆地（T_1K_2）	
		北羌塘微地块（Ⅱ-2-9）	Ⅱ-2-8-4 苟尔尕果抓后岩浆弧（C_1）	
			Ⅱ-2-9-1 热解莽基底残块（Pt_{1-2}）	
			Ⅱ-2-9-2 麦买陆缘裂谷（C_1）	
			Ⅱ-2-9-3 君达陆缘斜坡（T_3）	
			Ⅱ-2-9-4 君达火山弧（T_3）	
			Ⅱ-2-9-5 麦买弧前构造高地（T_3）	
			Ⅱ-2-9-6 如塔色加改岩浆弧（P_2T_3）	

(1)达哈贡玛-日阿涌近弧弧后盆地(P_{1-2})

该盆地呈北西西向分布于达哈贡玛—日阿涌一带,其中近弧弧后盆地涉及的地层单位为开心岭群诺日巴尕日保组和九十道班组。

诺日巴尕日保组划分为砂屑岩段和火山岩段。碎屑岩段以砂岩、粉砂岩夹灰岩、玄武岩为主,沉积环境为滨-浅海相;火山岩段主体为形成于板内伸展拉张构造环境的碱性玄武岩系列,部分为钙碱性系列。前者从 Sr、Nd 同位素地球化学特征以及出现地幔来源的矿物碳硅石分析,认为其可能与地幔柱作用有关;后者可能与邻近的火山岛链有关。火山组分似乎具有钙碱性系列向拉斑玄武岩系列过渡的特征,总体具有弧后裂谷盆地的火山岩特点。

九十道班组为台地潮坪相环境的碳酸盐岩组合,有大量蜓、腕足类及藻类化石,发育生物介壳滩、生物礁黏结灰岩,表明当时为温暖、清澈透明的浅海环境。岩石组合方面有黏结灰岩以及反映水体高能带的内碎屑灰岩、粉晶粒屑灰岩等,因此其沉积相可以具体对应于威尔逊碳酸盐岩沉积模式中的台地边缘生物礁相和台地边缘浅滩相。

(2)野牛坡-下拉秀(弧后前陆盆地)前渊盆地($T_3-J_3-K_2$)

涉及本区的为下拉秀(弧后前陆盆地)前渊盆地(T_3),该盆地呈北西西向展布于下拉秀地区,地层单位为结扎群甲丕拉组、波里拉组和巴贡组。甲丕拉组划分为碎屑岩段和火山岩段,碎屑岩段为海岸沙丘-后滨环境的砂砾岩组合,总体具有粗碎屑边缘相磨拉石向上过渡为细碎屑磨拉石的特点,显然为一套前陆逆冲强烈活动期的产物;火山岩段为同碰撞玄武岩、安山岩、英安岩组合,具有弧火山岩特点,玄武岩获得(231 ± 28)Ma 的 Rb-Sr 等时线年龄。波里拉组以亮晶灰岩、泥晶灰岩为主,夹少量泥岩,含双壳类和腕足类化石,为浅海陆棚相沉积,显然为前陆逆冲作用相对平静期的产物。巴贡组为一套深灰色—灰黑色含煤碎屑岩,岩石组合和生物群特征反映形成于地壳相对平静的海陆交互—陆相、滨浅海潮坪-河口湾相及沼泽相环境。

(3)勒涌达-宁多岩浆弧(T_{1-2})

勒涌达-宁多俯冲期岩浆岩分布于勒涌达—宁多地区,侵入于中元古代宁多群,晚三叠世甲丕拉组角度不整合其上或呈断层接触,与上新世花岗岩呈断层接触,厘定为勒涌达-宁多与洋俯冲有关的花岗岩组合 $T_1(\gamma\delta+\xi\gamma)$ 和勒涌达与洋俯冲有关的组合 $T_2(\gamma\delta o+\gamma\delta+\gamma\pi+\eta\gamma+\xi\gamma)$。在正长花岗岩、花岗斑岩、花岗闪长岩、英云闪长岩中分别获得(250.6 ± 1.6)Ma、(238.4 ± 1.5)Ma、(243.4 ± 1.4)Ma、(244.7 ± 1.5)Ma 的锆石 U-Pb 测年(青海省地质调查院,2008),形成时代为早—中三叠世。

东地涌碰撞期岩浆岩分布于东地涌东地区的控巴饿仁和色的日等地,岩体呈岩珠状分布,侵入于晚三叠世结扎群中,并被新近纪祖尔肯乌拉组火山岩不整合沉积接触。厘定为东地涌与碰撞有关的高钾钙碱性花岗岩组合 $K_2(\xi\gamma+\pi\gamma)$。正长花岗岩中和二长花岗岩中分别获得 85.7Ma 和 77Ma 的 K-Ar 年龄,形成时代为晚白垩世。

2. 开心岭-杂多陆缘弧带

省内仅涉及该单元的西段带,呈北西西向展布于开心岭—杂多一带。北以乌丽-囊谦断裂为界与沱沱河-昌都弧后前陆盆地毗邻;南以乌兰乌拉湖北缘-楼都日-巴列断裂为界与雁石坪弧后前陆盆地分开。资料表明该单元的形成可能主要与若拉岗日洋的向北东方向俯冲有关。区域上可能与景谷-景洪弧后盆地于中二叠世向南西方向的反向俯冲也有一定联系(潘桂棠等,1990)。可将其进一步划分出6个四级单元,现主要简述如下3个四级单元。

(1)杂多陆表海(C_{1-2})

杂多陆表海主要呈北西西向分布在本区南侧的杂多县幅。涉及的地层单位为杂多群和加麦弄群,二者整合接触。碎屑岩陆表海由杂多群碎屑岩组和加麦弄群碎屑岩组组成。杂多群碎屑岩组为一套滨浅海相环境的砂泥岩、砾岩夹火山岩组合,具水平层理、平行层理、交错层理,见有冲刷波痕,层位稳定,沉积环境为陆源碎屑无障壁陆表海,产大量腕足类、珊瑚、菊石等底栖类动物和丰富的植物化石。加麦弄群碎屑岩组为一套前滨—临滨相环境的砂泥岩组合,砂岩中发育水平层理、交错层理,基本层序为正粒序沉积韵律层,产腕足类、菊石、腹足、植物、苔藓等化石。

碳酸盐岩陆表海由杂多群碳酸盐岩组和加麦弄群碳酸盐岩组组成。杂多群碳酸盐岩组以灰岩为主,夹泥灰岩及少量砂岩,基本层序反映为退积型—加积型沉积,产腕足、珊瑚、苔藓、三叶虫等化石。加麦弄碳酸盐岩组以灰岩为主,夹砂岩、泥灰岩及白云岩化灰岩,产腕足类、珊瑚、蜓、植物化石等,沉积构造及岩石组合显示为水体能量较高的滨浅海环境。

该单元内的地层构造变形也以发育北西向脆性逆断层为主,褶皱构造以宽缓短轴背斜、向斜为特征,在断裂带附近发育小型不协调剪切褶皱、牵引褶皱及挤压劈理、脆性变形,断裂对单元内地层的展布起一定的控制作用,而且新生代活动性明显,主要表现为断裂活化,控制了新生代断陷盆地展布。

(2)扎日根-打前龙火山弧(P_{1-2})

扎日根-打前龙火山弧呈北西西岛链状分布于扎日根、扎苏曲、打前龙等地。由开心岭群诺日巴尕日保组火山岩段组成,该组合与下伏诺日巴尕日保组的碎屑岩段及上覆九十道班组均为整合接触,以安山岩、安山玄武岩、玄武岩、中基性火山碎屑岩为主,夹少量灰岩及砂岩;以爆发相溢流相为主,沉积相次之。该组合可以划分出Ⅳ个韵律,所有韵律自下而上反映了由酸性—中基性—中酸性的演化规律。岩相学、岩石化学、稀土元素特征等反映主体为一套钙碱性系列的火山岩。SiO_2含量在50.1%~74.52%之间,KO_2/NaO_2值多数小于0.6,表明为岛弧环境。在$Fe-Mg-Al$三角图解中,多数点落在岛弧区,少数点落在造山带区,但也有部分地段的火山岩的岩石化学、地球化学特征反映为张裂环境。究其原因可能与大洋俯冲带倾角的陡缓有关,当倾角缓时水平方向的应力大于垂直方向的应力,产生水平挤压环境,反之则表现为中性或伸展环境(邓晋福等,2009)。该组合灰岩夹层中产蜓、腕足类化石,时代为早—中二叠世。

(3)达哈贡玛-日阿涌近弧弧后盆地(P_{1-2})/近陆弧后盆地(P_3)

该盆地呈北西西向分布于达哈贡玛—日阿涌一带,其中近弧弧后盆地涉及的地层单位为开心岭群诺日巴尕保组碎屑岩段和九十道班组;近陆弧后盆地涉及的地层单位为乌丽群那益雄组和拉卜查日组。诺日巴尕日保组碎屑岩段岩性组合主要为砂岩,粉砂岩夹灰岩,玄武岩,主体处于半深海环境,产蜓、珊瑚、有孔虫和双壳类等化石。九十道班组为一套台地潮坪碳酸盐岩组合,含有大量的䗴、腕足类、藻类、菊石、双壳类等化石。形成环境为温暖、清澈透明的浅海环境。

乌丽群那益雄和拉卜查日组仅局限于乌丽—扎苏一带与开心岭。那益雄组为一套砂泥岩组合,产植物、䗴等化石,为前滨—临滨环境,甚至出现浅海斜坡—半深海环境。拉卜查日组为一套台地潮坪碳酸盐岩组合,产䗴、腕足类等化石。开心岭群和乌丽群变质微弱,以低绿片岩相为主,变形中等,以发育圈闭端明显的中等紧闭褶皱为特征。

二、构造

区域上经历了海西期—喜马拉雅期长期复杂的构造运动,褶皱及断裂均十分发育。现存的构造变形以新生代逆冲推覆和走滑构造最为显著。其中,逆冲推覆构造通过一系列逆冲断层将中生代地层切割成依次叠置的构造岩片,并推覆于新生代前陆盆地沉积地层之上,控制了区内沉积岩容矿铅锌矿床的形成与分布(侯增谦等,2008)。走滑构造主要在南段的兰坪盆地和中段的昌都、玉树地区分布,控制了带内走滑拉分盆地、富碱斑岩带及与之有关的斑岩型铜、钼、金等矿床的分布(唐菊兴等,2006;王召林等,2008)。

1. 褶皱构造

纳日贡玛地区褶皱构造以浅—表部构造层次宽缓背、向斜构造为特点,基底褶皱为石炭纪—二叠纪褶皱,盖层褶皱发育于三叠系和古近系两个构造层中。具有一定规模的二叠系褶皱保存不好,只有哼赛青背斜,约曲上游—崩涌一带的小型背斜形态较完整,均系短轴背斜。三叠系褶皱因受断裂影响,多呈不完整背、向斜构造或成单斜构造,少数呈短轴褶皱,如哼赛青向斜、多达能背斜。古近系多构成宽缓的向斜构造或成单斜构造。

(1)陆日格复背斜

陆日格复背斜出露于区内陆日格一带,轴向为北西-南东,核部岩层为晚石炭世杂多群,两翼岩层为早—中二叠世诺日巴尕日保组。翼部岩层中断裂构造及侵入岩发育,在断裂构造交会部位、岩体接触带等成矿有利地段发现多金属矿(点)床,如纳日贡玛矿床位于该复背斜北翼花岗斑岩体中。

(2)查日涌向斜

查日涌向斜位于查日涌一带,向斜轴向为北西-南东,向斜核部岩层为晚三叠世巴贡组,两翼岩层为波拉里组。向斜枢纽向北西仰起封闭,总的形态比较开阔,地层倾角一般为$40°\sim60°$。

(3)查日涌沟脑背斜

查日涌沟脑背斜分布在查日涌沟脑,由于断层的破坏及上新世查保马组的覆盖,背斜出露不完整。轴向近于南北,北端向北西偏转。核部由晚三叠世甲丕拉组的碎屑岩组成,两翼岩层为波拉里组的灰岩,背斜核部产状较陡,倾角可达$70°$左右,而两翼地层平缓,倾角一般为$30°$左右。

2. 断裂构造

(1) 区域性深大断裂

区域性深大断裂有可可西里南缘断裂、西金乌兰湖-玉树断裂、巴木曲-格拉断裂、乌丽-囊谦断裂、乌兰乌拉湖北缘-巴列断裂。其中乌丽-囊谦断裂在本区北部经过,为沱沱河-昌都弧后前陆盆地与开心岭-杂多陆缘弧带的分界断裂。

可可西里南缘断裂:该断裂西始新疆岗扎日南,经西金乌兰湖北、治多、歇武,东延出省境,为可可西里-巴颜喀拉中生代造山带与羌塘-三江早古生代—中生代造山带的二级构造边界断裂。总体呈近东西向,断面总体倾向北东,断面倾向南西,总体呈舒缓波状弯曲,倾角50°～60°,沿断裂发育20～30m宽的断层破碎带,带内主要由杂色断层泥及少量灰岩、砂岩构造透镜体组成,灰岩、砂岩均透入性片理化,灰岩中发育条带状构造,其表面多具擦痕、阶步,局部下盘砂岩中,发育大型牵引倾伏背斜。另外,岩石中多发育顺层挤压劈理,带内发育挤压透镜体,该断裂具左行斜冲性质。它不仅控制着巴颜喀拉前陆盆地分布,而且制约着古—新近纪陆相盆地的发育,以及新生代火山岩的分布范围,断层两侧岩性差别明显,以北有晚三叠世巴额喀拉山群复理石建造、古—新近纪陆相碎屑岩建造等,以南有以石炭纪—二叠纪复理石基质为主夹蛇绿岩块的块体。

西金乌兰湖-玉树断裂:该断裂呈北北西—南南东向延伸,为通天河(西金乌兰-玉树)晚古生代结合带与沱沱河-昌都弧后前陆盆地的分界断裂。断面倾向多为北东,倾角50°左右,局部产状直立甚至倒转倾向南,倾角70°～80°。沿断裂见破碎带及断层角砾岩,断层地貌反映明显。

巴木曲-格拉断裂:该断裂为巴塘陆缘弧带与沱沱河-昌都弧后前陆盆地之间的分界断裂,呈北西向延伸,断面倾向南西,倾角65°～70°不等,发育200～300m宽的断层破碎带,带内构造角砾岩,构造挤压透镜体及透入性挤压劈理极其发育,劈理化带内岩石均呈薄片状、板状,劈理(S_1)完全透入性置换原始层理(S_0)。其劈理构造面上断层阶步、擦痕线理及摩擦镜面常见,擦痕线理近水平,下盘岩层中发育南倾逆冲断层,航卫片上线性影像特征极其清楚。沿断裂带形成一系列北西向展布新近纪沉积盆地,反映出该断裂喜马拉雅期复活,对沉积盆地形成及展布控制作用明显。断裂性质变化大体可分为两个阶段:印支期主要是断面南倾逆冲断,控制了晚三叠世结扎群、巴塘群地层的展布;喜马拉雅期断裂复活,主要表现为左行走滑,控制了新近纪走滑拉分盆地的形成及展布。

乌丽-囊谦断裂:从本区北部经过,该断裂是沱沱河-昌都弧后前陆盆地与开心岭-杂多陆缘弧带的分界断裂,亦称子曲河断裂,走向北西,主断面倾向南西,倾角60°～70°,省内长约400km,西端与乌兰乌拉湖-玉树断裂斜交,南东延入西藏。沿带断谷、垭口线状分布,切断中更新世以前所有地层,挽近期有地震发生,是一条具多期活动的区域性大断裂,控制了区内沉积建造、岩浆活动(特别是喜马拉雅期侵入岩)、后期的变质改造及成矿作用,纳日贡玛铜钼矿床及周边斑岩型铜钼矿点均受其控制,大多沿其南侧分布。

乌兰乌拉湖北缘-巴列断裂:该断裂为沱沱河-昌都弧后前陆盆地与雁石坪弧后前陆盆地之间的分界断裂,呈北西-南东向延伸,沿断裂古近纪沱沱河组、侏罗纪雁石坪群、早—中二叠世开心岭群、晚石炭世加麦弄群被切割,并将雁石坪群、加麦弄群逆掩推覆在沱沱河组之上,活动性极其明显。断裂断面倾向北东,倾角35°~40°不等,为一逆掩断层。靠近断裂发育150~300m宽的断层破碎带,向北依次发育1.0~1.5km宽的强挤压同斜断褶带以及2~4km宽的冲断带。破碎带内变形亦具明显的分带性,主要由断层泥砾带、挤压构造透镜体带、牵引褶曲带、透入性挤压劈理化带、挤压剪切褶皱带组成。该断层中发育推覆前峰带的紧密同斜褶皱,在强挤压同斜断褶带中,发育一系列轴面北倾的同斜褶皱及其断面北倾的逆冲断层。该断裂形成于喜马拉雅期,对解曲河盆地的形成控制作用明显,现代活动性很明显,近代地震震中多位于断裂带中。该推覆构造为一叠瓦状推覆构造,从卷入的地层反映出形成时代在古近纪以后,可能为新近纪,与高原隆升关系密切。

(2)区内断裂

纳日贡玛地区断裂按其展布方向可分为北西向、北东向和近东西向3组断裂,各断裂彼此交错切割,共同构成区内基本构造轮廓。其中北西向断裂为区内的主干断裂,最为发育,控制了区内沉积建造、岩浆活动、后期的变质改造以及矿产分布。从断裂之间的相互切割关系上看,本区北西-南东向断裂是纳日贡玛地区较老的断裂,其次北东-南西向断裂、近东西向断裂可能是本区最新的断裂。但在很多矿区(如纳日贡玛、陆日格等),北东向断裂控制了赋矿斑岩的展布。

北西向断裂以玉树-乌兰乌拉湖区域性大断裂为代表,为区内的主要断裂,控制着新生代断陷盆地的形态及分布。断裂带总体倾向南东,可能经历挤压—拉张—右行走滑逆冲3期活动,目前为右行逆断层,并造成晚三叠世巴塘群逆冲推覆在新近纪地层之上。

北东向断裂为区内的主干断裂(如玉树-乌兰乌拉湖、可可西里-金沙江深大断裂),对区内地层、岩浆活动、后期的变质改造都有明显的控制作用。

近东西向断裂延伸较短,错断地层和早期构造线,形成时代为喜马拉雅期。

三、区域地质构造演化

纳日贡玛地区大地构造位置属特提斯—喜马拉雅构造域的东段,位于冈瓦纳古陆与欧亚古陆强烈碰撞、挤压地带,晚古生代以来经历了漫长的构造演化历史。根据青海省地质调查院区域调查资料,现今构造面貌是在造山带基底形成之后,经过青藏高原特提斯开合演化和青藏高原隆升这两个不同动力学性质构造过程完成的。区内原特提斯构造演化阶段的构造-建造记录缺失,根据本区构造-建造特征及其与邻区对比,本区晚古生代以来的构造演化历程主要有两个阶段:一是晚古生代—早中生代的古特提斯演化阶段;二是新生代以来的印-亚大陆碰撞造山演化阶段(图1-16)。

1. 晚古生代—早中生代构造演化

(1)石炭纪—早二叠世古特提斯多岛洋扩张阶段

石炭纪是裂谷初成阶段,金沙江缝合带区域上在西金乌兰湖一带,移山湖、明镜湖北(辉长)辉绿岩墙群[(约345.8Ma),(345.9±0.91)Ma,Ar-Ar]代表着古特提斯多岛洋已进入

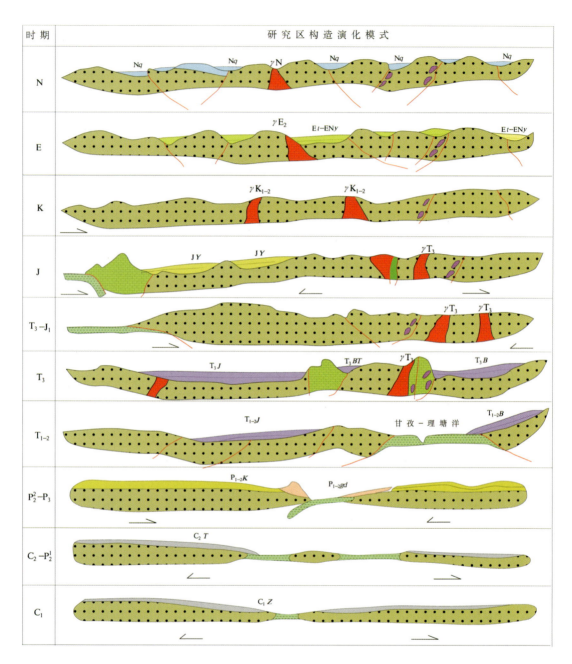

图1-16 纳日贡玛地区构造演化模式图(据青海省地质调查院,2006修改)

初始离散期。随着裂解作用的增强,在其本部于C_2—P_2出现了一系列小洋盆与盆地相间的构造格局,即青南地区可可西里-巴颜喀拉(双向周缘)前陆盆地、甘孜-理塘洋、结古-义敦弧后盆地、通天河(西金乌兰-玉树)洋、巴塘陆缘弧、沱沱河-昌都弧后前陆盆地、开心岭-杂多陆缘弧、若拉岗日-乌兰乌拉结合带、雁石坪弧后前陆盆地、北羌塘微地块。在地块本部往往为浅水性质的稳定型陆表海沉积,在地块边缘主要发育深水性质的活动型火山-沉积组合,具有多岛洋特征。洋盆的发展不均一,除出现了一些MORS型蛇绿岩外,余者均为汇聚阶段的弧后小洋盆,其蛇绿岩皆属弧盆系体系的SSZ型蛇绿岩。这些弧后洋盆可能是叠加于早期扩张作用之上的一种后期构造效应。

晚石炭世—中二叠世由于不断裂解扩张,洋盆逐渐成熟起来,随即进入弧盆系形成构造期。大规模的俯冲消减发生在中—晚二叠世。切吉组中的弧火山岩、诺日巴尕日保组中的弧火山岩、巴塘陆缘弧和开心岭-杂多陆缘弧的出现,以及弧后盆地沉积、俯冲增生楔、弧前盆地沉积、蛇绿混杂岩、SSZ型蛇绿岩、高压低温变质作用等一系列地质记录,都是弧盆系形成构造期开始的标志。

在弧盆系形成构造期,还形成了一系列诸如西金乌兰湖-金沙江逆冲构、乌兰乌拉湖、澜沧江逆冲构造等大型变形构造。

(2)中二叠世—晚三叠世早期古特提斯残留洋继续发展阶段

中二叠世,金沙江扩张有限洋盆开始闭合,向南发生B型俯冲,进入碰撞构造期,发生了一次重要的构造汇聚事件,区内晚二叠世那益雄组含煤碎屑岩夹火山岩、灰岩地层与下伏中二叠世九十道班组和早—中二叠世诺日巴尕日保组之间呈平行不整合接触是这一次构造汇聚事件的响应。同时形成中二叠世陆缘火山弧和弧后盆地,区内中二叠世尕笛考组岛弧型火山岩则是该期事件火山活动的直接表现;早—中二叠世开心岭群诺日巴日保组、九十道班组为弧后盆地碎屑岩、碳酸盐岩、火山岩沉积,邻区侵入于杂多群辉长杂岩(276Ma,Ar-Ar)则为弧后盆地扩张环境下侵位基性岩。晚二叠世洋盆闭合,弧-陆碰撞对接,古特提斯多岛洋彻底闭合,西金乌兰—金沙江一带形成由复理石增生楔、洋岛型蛇绿岩块、残留基底岩块、岛弧型火山岩块等构成的蛇绿构造混杂带。

早—中三叠世为古特提斯洋衰退进入残留洋演化时期,之前的洋脊可能虽已死亡,但残留的洋壳仍在继续俯冲消减,或可称古特提斯洋后期演化阶段,大量的地质记录说明该阶段的洋盆及其继续的俯冲消减作用是存在的。

该阶段的洋壳往往呈构造岩片残留于各个碰撞造山带中。前人认为甘孜—理塘蛇绿岩的形成时代为晚二叠世至早—中三叠世(张旗等,1992;刘增乾等,1993;莫宣学等,1993),青海省地质志(2020)认为甘孜-理塘蛇绿岩的形成时代为中—晚三叠世;李荣社等(2008)认为该洋盆是从石炭纪—二叠纪洋盆残留而来的衰退群洋;潘桂棠等(2011)认为雅江残余盆地的时代为三叠纪,表明有同期洋壳碎片的挤入;李日俊等(1997)在龙木错-双湖碰撞造山带阿木岗群和鲁谷组硅质岩中发现有中—晚三叠世放射虫化石组合;等等。这些表明,古特提斯洋的上限主体为中三叠世,并很可能延续到晚三叠世卡尼期。

残留洋盆大规模的俯冲消减主体发生在早—中三叠世,并可能延续到晚三叠世早期。扎日加地区与俯冲有关的TTG组合(230～228Ma,U-Pb),玻合涌—玉树地区与俯冲有关的TTG组合(T_3),勒涌达—宁多地区与洋俯冲有关的花岗岩组合(250Ma,U-Pb),巴塘陆缘弧和开心岭-杂多陆缘弧的进一步发展与壮大,呈构造岩片或岩块卷入到各个碰撞造山带内的俯冲增生楔、蛇绿混杂岩、SSZ型蛇绿岩、弧前增生楔等,都是该阶段俯冲消减作用开始的标志性岩石构造组合。

晚三叠世,除早期局部仍有残留洋存在并继续俯冲消减外,古特提斯多岛洋已经消亡,主体已进入碰撞构造期(碰撞时很有可能延续到白垩纪)的发展演化历程。

晚三叠世结扎群甲丕拉组与下伏地层的不整合,且晚三叠世发育同碰撞或后碰撞高钾花岗岩组合,雁石坪索拉贡玛—仓来拉与碰撞有关的花岗岩组合(235.0~205.0Ma),以及可可西里-巴颜喀拉巨型前陆盆地和沱沱河-昌都大型前陆盆的形成,一系列蛇绿混杂岩的最终定型和似科帕构造组合的产生,西金乌兰湖-金沙江、甘孜-理塘、乌兰乌拉湖-澜沧江、龙木错-双湖等大型韧性走滑变形带的形成等,都是该碰撞构造期的标志性地质事件。这些地质事件充分体现了印支运动的广度和强度,它不仅使省区主体由大洋岩石圈构造体制转变为大陆岩石圈构造体制,主洋域南移至班公湖—怒江和雅鲁藏布特拉斯部位,而且完成了全区乃至泛华夏陆块群的最终拼合,至此,各陆块在动力学上才完全达到焊合为一体的程度。

(3)晚三叠世—早白垩世构造旋回

晚三叠世—白垩纪,属现代板块体制,主要为特提斯洋或新特提斯洋演化阶段。在古特提斯残留洋收缩、消亡、造山的同时,特提斯洋或新特提斯洋的班公湖-怒江洋和雅鲁藏布洋开始打开,Pangen超级大陆开始裂解离散。在三叠纪—侏罗纪期间,南羌塘、唐古拉—左贡、冈底斯等地块(即藏滇板块)向北漂移(高延林,2000)。中三叠世—早侏罗世班公湖-怒江洋和雅鲁藏布洋发育成熟,至中侏罗世—白垩纪,尤其至晚白垩世,印度洋的强烈扩张和印度板块的快速向北漂移,促使特提斯洋开始俯冲消减,一系列弧盆系形成。

晚侏罗世末期—早白垩世班公湖-怒江洋消亡,碰撞造山,造成白垩系与下伏地层的广泛不整合,受其远程效应影响,在巴颜喀拉、开心岭-杂多等地区,形成了一套风火山群前陆盆地沉积,同时伴有后碰撞高钾花岗岩组合的侵位,本研究区南部的杂多地区内局部地段断陷盆地中接受风火山群河湖相粗碎屑岩、碳酸盐岩沉积,陆内冲断作用,区内表现为中酸性花岗岩侵入,在夏结能、不群涌一带形成壳内重熔型花岗岩。古近纪早期,雅鲁藏布洋关闭,碰撞造山,造成了古近系沱沱河组与下伏地层的广泛角度不整合。受其远程效应影响,在三江地区发育了一套后碰撞高钾花岗岩组合。

2. 新生代以来的印-亚大陆碰撞造山演化

由于印度洋的强烈扩张,始新世以后欧亚板块与印度板块的陆壳基底完全碰撞接触,南北大陆并为一体。青藏高原是印度板块与亚洲板块自65Ma以来强烈碰撞而形成的活动大陆碰撞造山带,伴随印-亚大陆碰撞造山而发生的成矿作用,以成矿规模大(大型—巨型矿床)、成矿时代新(65Ma至现代)、矿床类型多(成因独特)、保存条件好(后期改造轻微)为特征(侯增谦,2006)。喜马拉雅运动的第三幕——青藏运动(李吉均等,1992,1996,1998),更使青藏高原整体性和阶段性强烈崛起。同时印度板块强烈的推挤、西伯利亚板块的阻抗以及扬子板块的强烈楔入产生的陆内汇聚,使高原多数与造山带复活再生有关,再生的造山带向盆地方向推覆成盆,而盆地向再生的造山带楔入造山,盆山耦合。而在高原的南部伴有中—上新世钾玄质—高钾钙碱性后造山火山喷发及广泛发育于三江地区的后碰撞—后造山高钾花岗岩组合—过碱性花岗岩组合的侵位,如纳日贡玛与碰撞有关的高钾花岗岩组合(62.0~61.0Ma,U-Pb)、赛多浦岗日—格龙尕纳与碰撞有关的高钾花岗岩组合(48Ma,U-Pb)、多索岗日—扎日根与后造山有关的过碱性—钙碱性花岗岩组合(41.0~27.0Ma,U-Pb)、雀莫错西与后造山有关的基性—超基性岩组合(31±3Ma,U-Pb),使中新世青藏高原受南北向挤压,在阿多、藏玛西孔出露白榴石霓辉石石英二长岩、霓辉石正长岩等组成的 A 型花岗岩(10.71~10.26Ma),代表进入板内活动。

古—始新世受印度板块与欧亚板块碰撞的影响,新特提斯洋闭合,青藏高原北、东大部上升为陆,进入陆内演化阶段。与此同时或稍前风火山地区因受喜马拉雅运动影响,在继白垩纪陆盆的基础上于古近纪因先成断裂的复活开始发育以引张为主兼右旋走滑拉分性质的盆地,区域上形成了白垩系与古近系不整合接触关系、冲断及走滑断裂并伴随有碱性岩浆活动(岗齐曲—康特金一带),沉积了代表活动状态下的沱沱河组下部河湖相的粗碎屑堆积。

始新世造山运动后,可可西里和青藏高原一起发生缓慢隆升,在南北向强烈挤压下,陆内断块差异升降,沿断裂发育一系列北西向延展的断陷盆地,走滑拉分盆地,接受沱沱河组、雅西措组、五道梁组及曲果组等河湖相碎屑岩、碳酸盐岩沉积,在"前缘挤压、后缘滞后扩张"的构造环境下,沿断裂带发生浅成—超浅成中酸性岩浆侵入及碱性花岗岩侵入事件。

新近纪曲果组山麓类磨拉石的出现标志着中新世晚期盆地曾一度受斜期挤压而萎缩,风火山被抬升到近 1000m 的高度,统一的湖盆逐渐分解为 3 个次级盆地,北西西向或近东西的盆山格局雏形出现。新近纪以来,山体强烈抬升与盆地快速沉降相耦合,盆山格局进一步发展壮大,在纳日贡玛—色的日地区构造演化进入陆内俯冲造山阶段,大陆板片俯冲诱发的软流圈物质上涌,导致加厚的下地壳物质部分熔融形成岩浆,侵位而成一套以安山质为主的火山沉积地层,即查保马组、湖东梁组,喷发不整合于五道梁组之上,本期岩浆活动明显晚于碱性花岗岩事件。进入第四纪,高原进一步快速隆升,形成现今地貌格局。

第三节 地球物理特征

本区内相继开展了 1∶100 万重力测量、1∶50 万航磁测量、1∶5 万地面磁测工作以及激电中体测量等工作,其中 1∶5 万地面高精度磁测工作对区内各类岩矿石磁物性特征、磁异常特征、找矿标志进行了系统的总结和归纳,为本区成矿地质背景分析、成矿规律分析、成矿远景区和靶区的确定、区域找矿模型的建立奠定了基础。

一、1∶5 万磁测异常场特征

根据 1∶5 万地面高精度磁法测量资料显示,在本区共圈定磁异常 25 处,这些磁异常虽然所处地质背景、成因类型不同,但通过已发现的矿床、矿(化)点与其对应关系分析认为,大部分的矿床、矿(化)点与圈定的磁异常关系密切,在磁异常区的分布位置有一定的规律性,根据磁场特征按不同类型可分为 6 个区域,如图 1-17 所示。

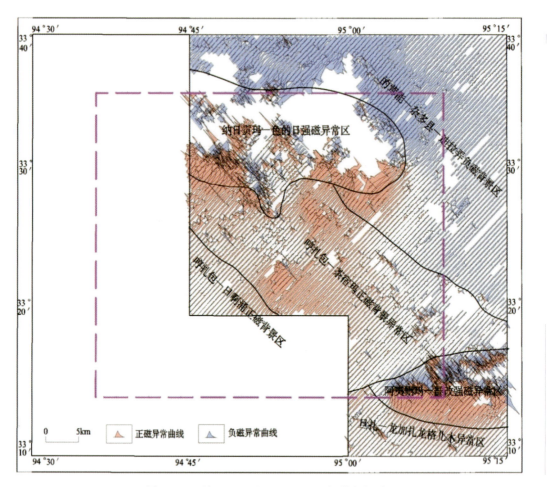

图 1-17 纳日贡玛地区 1∶5 万磁场特征划分图

1. 的荤能-杂多县-迪拉弄负磁背景区

该磁异常区整体表现为具有一定强度、梯度变化较缓的负磁异常带,异常强度一般在 -200～-300nT 之间,出露地层主要有二叠统开心岭群九十道班组灰岩、砂岩;诺日巴尔尕日保组碎屑岩,其磁性均较低,无法引起高强度异常,推测该区域的负磁背景特征由南部纳日贡玛地区大范围出露的基性火山岩斜磁化引起;东部杂多县-迪拉弄地区磁异常特征表现为接近背景异常的平稳负磁异常,出露地层主要有三叠系结扎群波里拉组碳酸盐,主要岩性为灰岩、砂岩,反映出该地层无磁性的基本特征。

2. 纳日贡玛-色的日强磁异常区

该磁异常区表现为不规则跳跃状且极不连续的特征,南正北负,强度较高,一般在 -500～600nT 之间。西部纳日贡码地区,正异常区域与二叠系开心岭群诺日巴尔尕日保组基性火山岩较为对应,主要岩性为玄武岩、玄武安山岩,具强磁性,异常与此有关,火山岩地层中包裹的小范围负磁异常通常与花岗斑岩体有关,为区内斑岩型铜钼矿床的成矿母岩,是寻找该类型矿体的有利部位;而色得日地区大范围宽缓的正异常与色得日斑岩体有关,岩体边部与碳酸盐岩地层接触部位,常形成一系列强度较高、连续性较好的异常,具有寻找矽卡岩型多金属矿的潜力;局部地区产生的锯齿状跳跃异常,由诺日巴尕日保组中基性火山岩引起。

3. 哼扎包-茶宿玛正磁背景场区

该磁异常区总体表现为较为低缓的正磁异常,西部异常多呈单点跳跃状分布,展布特征无明显规律可循;东部地区异常多呈北西向带状展布,强度中等,一般在-200~400nT之间,出露岩性主要为诺日巴尔尕日保组碎屑岩段砂岩、粉砂岩,九十道班组灰岩、砂岩,磁性较弱。该区域断裂构造较为发育,异常分布与断裂位置较为对应,推测异常由断裂内岩浆热液引起,易与碳酸盐岩地层接触交代形成矽卡岩型矿产。

4. 哼扎包-日啊涌正磁异常区

该磁异常区表现为接近背景场的平稳正磁背景区,强度较低,在20~75nT之间。出露二叠系开心岭群诺日巴尔尕日保组碎屑岩段砂岩、粉砂岩,泥晶碎屑灰岩等,九十道班组灰岩、砂岩,上述地层各类岩石磁性均较低,在该区内未圈定磁异常。

5. 阿夷则玛-群改强磁异常区

该磁异常区特征以锯齿状跳跃变化的强磁异常为特征,区内异常南正北负,走向近东西,强度在-1100~1700nT之间。该地区主要出露下三叠统马拉松多组、上三叠统结扎群波里拉组及甲丕拉组,马拉松多组中玄武岩、玄武岩山岩为强磁性岩石,是引起该区磁异常的主要地质因素。

6. 旦扎-龙加扎龙格儿木异常区

该磁异常区特征表现为低缓的正磁背景(0~50nT)。出露地层主要为上三叠统结扎群巴贡组、波里拉组、甲丕拉组,岩石组合主要为砂岩、粉砂岩、灰岩等,为弱磁性岩石。

二、磁异常特征的解释推断

(一)磁异常推断断裂构造

1. 断裂构造的磁场特征

高精度磁测推断断裂构造的主要依据是在ΔT平面等值线图上异常的走向分布特征、异常的轴向、形态、及磁异常梯度带。断层的磁异常可归纳成以下几种:

(1)断裂带被具有强磁性的岩浆岩脉或岩体群所充填,磁异常表现为沿一定方向分布的异常和异常带,在整条断裂上异常可能是连续的,也可能是断续分布的,但是异常都沿同一方向分布,在断层线上磁异常形成明显的磁力梯级带。

(2)在弱磁性地层中有断裂存在时,由于在断裂破碎带中多存在磁铁矿化、褐铁矿化等现象,这时沿断裂出现串珠状异常或条带状磁异常,异常沿断裂带的分布连续或不连续,但延断裂带分布的异常有同一的轴向,异常群的连线方向就是断裂的方向。

(3)在同一种磁性地层中有断裂发生时,由于断裂破坏了岩石结构使岩石剩磁降低或磁化方向发生变化,因此在断裂带上而形成具条带状的负磁异常带或低磁异常带。

(4)当断层发生在具有相同磁性的岩石中时,另一种现象是,由于磁性岩石的上、下或水平错动,断裂两侧的异常特征明显不同。当磁性岩石上下错动时,则上盘一侧的磁异常表现出陡、窄、强和不稳定;而下盘一侧的异常表现出缓、宽、弱和平滑,因而沿断裂带磁场表现了密集的梯度带。当磁性岩石发生水平错动时,磁异常走向也发生错动、转弯、或等值线发生明显的扭曲现象。

各种断裂往往与各种矿产有密切的关系,深大断裂往往控制着一些与矿体在成因上有关的岩体的分布,一些次一级构造,也往往是导矿和容矿的构造,因而据磁异常的特征推断测区内断裂构造,对本区成矿地质背景分析、成矿远景区的划分有着较大的意义。

2. 推断的断裂构造特征

据以上断裂构造的磁场特征在本区共推测断裂20条,其中以北西向断裂为主,共推测12条,北东向断裂5条,近东西向断裂3条,推断断裂的异常特征见表1-3,图1-18。

表1-3　1∶5万磁测推断断裂特征一览表

编号	走向	区内长度/km	磁场特征	规模
WF1	EW	8	化极等值线图表现为不连续的串珠状异常	小规模浅部
WF2	NE	8	异常被明显错动,东西两侧为二叠系火山岩引起的跃变正异常	小规模浅部
WF3	NW	38	不同磁场特征分区界限、磁异常错动带、线型异常带	深大断裂
WF4	NW	30	北部表现为宽度较小的负磁异常带,正异常由于断裂的拉伸作用,出现错动、扭曲的特征;南部为磁异常梯度带	小规模浅部
WF5	NE	15	所在位置异常被明显错动	小规模浅部
WF6	NW	16	线型、串珠状异常带	小规模浅部
WF7	NW	18	线型、串珠状异常带	小规模浅部
WF8	NW	46	线型、串珠状异常带,异常错动带、磁异常梯度带	深大断裂
WF9	NE	12	异常错动带	小规模浅部
WF10	NE	18	异常错动带,磁异常梯度带	小规模浅部
WF11	NW	20	串珠状、线型异常带、异常错动带	小规模浅部
WF12	NW	8	串珠状异常带	小规模浅部
WF13	NE	10	磁场产生错动,断裂两侧为具有一定强度的正磁异常,在断裂位置陡降。	小规模浅部

续表 1-3

编号	走向	区内长度/km	磁场特征	规模
WF14	EW	12	串珠状异常带	小规模浅部
WF15	NW	12	串珠状异常带	小规模浅部
WF16	NW	6.5	所在位置异常被错动	小规模浅部
WF17	NW	12	磁异常梯度带、部分异常被错动	小规模浅部
WF18	NW	6	所在位置异常被错动	小规模浅部
WF19	EW	10.2	不同磁场特征区的分界线、磁异常梯度带	小规模浅部
WF20	NW	10	化极等值线图显示断裂位置存在一线型异常带，呈北西向串珠状展布	小规模浅部

（二）磁异常推断岩浆岩

对比磁测成果和物性测定结果，区内高磁场主要由各类侵入岩体和火山岩引起。岩体和地层在异常形态、强度上有一定差别，可以利用磁测成果进行圈定和岩性划分。

1. 磁异常推断火山岩分布

火山岩具较高的磁性，但磁性不均匀稳定，磁异常峰值达几百至几千纳特，剖面曲线呈锯齿、尖峰状跳跃变化较大，与岩体接触带之间磁异常为陡变的梯度带，相邻测线上曲线难以对比，随着火山岩体埋深的增大，其跳跃变化特征逐渐减弱或消失，磁异常带外部异常的外侧拐点及垂向一阶导数零值线为火山岩地层边界。

从 ΔT 剖面平面图上看，火山岩磁场特征明显，表现为带状分布、跳跃变化磁场，部分异常北侧有负值伴生，比较容易识别。从 ΔT 原始、化极等值线图和 ΔT 化极垂向一阶导数图上看，升高异常走向明显、边界清楚。

通过野外岩石磁性测定，区内火山岩磁性较强，但变化比较大，磁化率均值在几十到几千个纳特不等。中基性的安山岩、安山质凝灰岩、玄武岩磁化率均值较高，常达数千个单位；中酸性火山岩相对较弱，一般在几十纳特至 1000nT 之间。

区内火山岩比较发育，以石炭系火山岩、早—中二叠世火山岩、早三叠世火山岩、古近纪火山岩为主，其中诺日巴尕日保组、马拉松多组火山岩磁性较强。

2. 磁异常推断侵入岩分布

磁异常区岩体出露较广，当围岩为磁性较强的火山岩时，受倾斜磁化影响，在岩体部位常产生强度较低的负磁异常；侵入岩单个磁异常呈近似等轴状，当围岩为弱磁性地层时，岩体可产生数百纳特的低缓异常或负磁异常，异常梯度变化小，已知矿（化）点分布在正异常边缘、梯度带、负异常区、等值线膨大、扭曲处，重力异常为重力低，激电异常为低阻高极化，水系异常与磁异常位置基本吻合,规模较大。以磁异常的梯度陡变带、垂向一阶导数零值线为岩体边界。

根据物性测定结果,不同地层、岩体具有明显的磁物性差异。根据磁异常的特征,结合地质情况对地层及岩体进行推断,在本区利用磁异常成果图件推断中酸性侵入岩15处,并依据磁异常圈定了磁性火山岩地层范围(图1-18)。

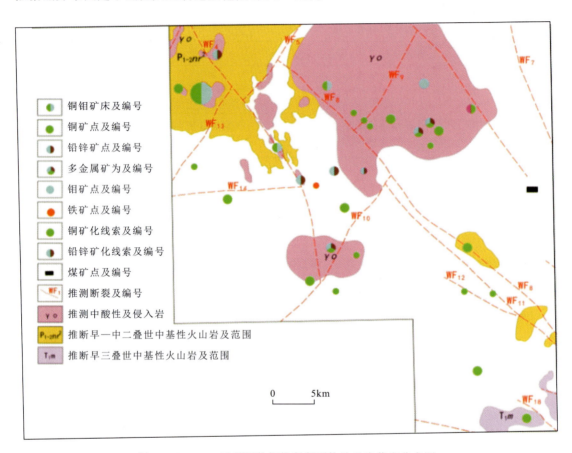

图1-18 1:5万磁测数据推断断裂构造及岩浆岩分布图

三、磁异常特征对找矿的指导意义

本区内工作程度高低不同,矿产分布不均匀,成矿类型多样,"纳日贡玛-色的日强磁异常区""哼扎包-茶宿玛正磁背景异常区"工作程度相对较高、矿产分布较为集中、已发现矿点较多,包含打古贡卡、纳日贡玛、陆日格、色的日、乌葱察别、哼赛青、叶霞乌赛、宋根托日等矿(点)区。

(一)磁异常特征对成矿有利地段的确定

根据"纳日贡玛-色的日强磁异常区""哼扎包-茶宿玛正磁背景异常区"的地面磁测异常分布及磁测推断成果,结合该地区地层、侵入岩、构造、矿床、矿化点分布在本区从北向南内划分出四处成矿有利的磁异常带。分别为托吉涌沟脑—穷日弄与斑岩热液有关的铜、钼、钨、银、锌多金属磁异常带;昂纳赛莫能—陆日格与斑岩热液有关的铜、钼、钨、银、锌多金属磁异常带;叶霞乌赛—康羊能南沟脑与热液有关的铜、铅、锌多金属磁异常带;宗根托日—康羊能南沟脑与热液有关的铜、铅、锌多金属磁异常带(图 1-19)。

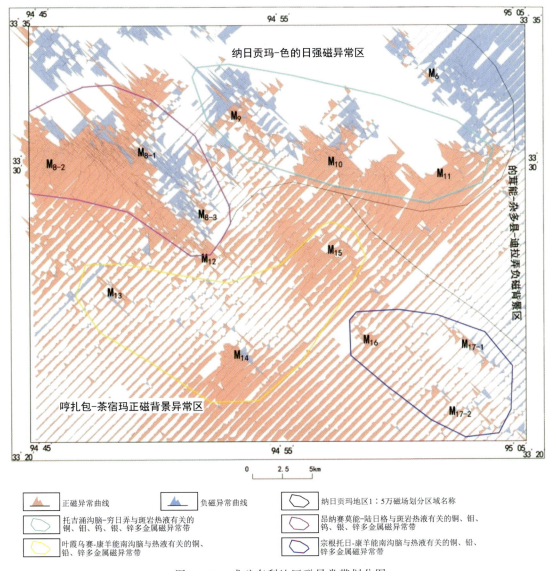

图 1-19 成矿有利地区磁异常带划分图

1. 与托吉涌沟脑—穷日弄与斑岩热液有关的铜、钼、钨、银、锌多金属磁异常带

该异常带由 M9、M10、M11 3 个磁异常组成,异常强度一般为 200nT,最高值为 1401nT,磁异常区南部出露诺日巴尕日保组玄武岩、安山岩,九十道班组灰岩、砂岩,以及波里拉组碳酸盐地层,火山岩地层可引起较高的磁异常,剖面上显示火山岩引起的磁异常曲线多呈尖峰状,锯齿状,跳跃变化激烈,梯度变化较大,为带内的成矿有利地层。北部有大面积喜马拉雅期色的日似斑状花岗岩分布,由于岩体的侵入,围岩中矽卡岩化、硅化、大理岩化、角岩化蚀变强。斑岩体引起的磁异常平面形态近似等轴状圆形,异常范围大,东西、南北向长度约为 12km,剖面曲线变化平缓,梯度变较小,异常幅值最高为 739.2nT,磁异常化极后上延至 1500m 平面场上异常幅值仍高达 300nT,初步判断斑岩体深部规模较大,并有较大的埋深。

该带内的矿化信息较多,已知的 8、9、10、11 号铜矿化位于该磁异常带中,电法资料也显示有很好的激电异常,极化率高达 4%,并且工程验证在该异常区有多金属矿体的存在,成因类型以矽卡岩型、斑岩型为主,因此该带是寻找与喜马拉雅期侵入岩有关的矽卡岩型多金属矿产及斑岩型铜、钼矿产的有利地段。

2. 昂纳赛莫能—陆日格与斑岩热液有关的铜、钼、钨、银、锌多金属磁异常带

该异常带分布的磁异常有 M8(M8-1,M8-2,M8-3)、M12,分布的矿床、矿点有纳日贡玛铜钼斑岩型矿床,纳日俄玛西铜矿点,纳日俄玛铜矿化点,纳日贡玛下游铜矿化点,昂纳赛莫能铅、锌矿化点,陆日格多金属矿点,哼赛青沟口铜锌矿点等,是寻找斑岩型铜、钼等金属矿产的有利地段。

异常强度在 -617～-500nT 之间,梯度变化较大,剖面曲线呈尖峰状、锯齿状,正异常处于火山岩地层,负异常位于纳日贡玛花岗斑岩岩体之内。纳日贡玛地区磁异常与斑岩体负磁异常呈一整体出现,磁场化极后异常位置偏离不大,说明斑岩体在近地表分布。而陆日格斑岩体磁场化极后斑岩体中局部正异常消失,负磁异常范围向东扩大,化极后上延至 800m 高度仍有负磁异常存在,推测斑岩体在深部延伸很大。从两处斑岩体磁异常特征来看,在深部纳日贡玛斑岩体可能与陆日格斑岩体相连接,目前发现的 2、3、4、5 号铜钼矿化点都位于该岩体中,因此,纳日贡玛地区、陆日格地区是形成斑岩型铜钼矿床的有利部位。

3. 叶霞乌赛—康羊能南沟脑与热液有关的铜、铅、锌多金属磁异常带

该异常带主要分布的磁异常有 M13、M14、M15,磁异常带中心有 WF4、WF10 两条构造破碎带经过,分布的矿化线索有叶霞乌赛铜矿点及多金属矿点、日啊宝色龙铜矿点、康羊能南沟铜矿化线索点、鱼晓能沟脑铁矿化线索点等。各矿点均具一定规模,矿化强度较高,成因类型主要为构造热液蚀变型,是寻找构造热液蚀变型多金属矿产有利区。

异常幅值在 -658～-593nT 之间,异常处于较为平稳的正磁背景中,南正北负,曲线呈跳跃状变化。异常化极后无明显位移,推测异常源近地表分布,将异常上延 400m,异常逐渐消失,推测异常体向下具有一定延伸,异常区出露地层为二叠系开心岭群诺日巴尕日保组碎屑岩段,岩石组合主要为砂岩、粉砂岩,局部夹火山岩,该地层中砂岩磁性较弱,无法引起该

强度异常,异常北部存在一条与异常走向一致的断裂,推测异常由沿断裂侵入的中酸性岩体与北部碳酸盐岩地层接触交代形成的矽卡岩(化)有关,建议寻找矽卡岩型的多金属矿产。

4. 宗根托日—康羊能南沟脑与热液有关的铜、铅、锌多金属磁异常带

该异常带分布的磁异常有 M16、M17(M17～1M17-2),呈串珠状分布,具明显的走向,异常以正值为主,强度最高为 329nT,负异常范围较小,且梯度变化较快。该带中部存在一北西向断裂,负异常由断裂的拉伸作用产生。异常区出露地层为九十道班组碳酸盐岩,主要岩性为灰岩、粉砂岩,磁性较弱,带内新发现矿化点、矿化线索 2 处,分别是常同拉铜矿化点、常通弄铜矿化线索,金属矿化较少,仅在断裂带通过地段见少量矿化线索,磁异常与断裂构造、蚀变带的分布关系密切。

(二)磁异常找矿标志

本区有典型的纳日贡玛铜钼矿床,已知及发现矿(化)点三十几处,矿产信息十分丰富,成因类型多种,主要有斑岩型、热液型、矽卡岩型等。虽然其地质环境、成因类型不同,但这些矿床、矿点在磁异常区的分布特征可有一定的规律性,磁异常与矿床、矿(化)点的分布有密切的关系。

(1)磁异常可直接反映磁铁矿或含磁铁矿多金属矿(化)点的有乌葱察别多金属矿化点,矿点上磁异常正负相伴,其强度高达千余纳特,2007 年在该矿点经工程验证矿体中可见到大量的磁铁矿石。因此强度高达千余纳特的磁异常可以作为寻找磁铁矿或含磁铁矿多金属矿床的直接标志。

(2)在二叠系尕笛考组火山岩分布地区,磁异常为高磁异常,正负相伴,矿床、矿(化)点分布在其边缘的梯度带,或负异常区。因此在这类高磁异常中,其梯度带、负磁场区可作为寻找多金属矿(化)点的间接标志。

(3)在侵入岩(包括隐伏岩体)分布地区,围岩为弱磁地层时,磁异常为数百纳特的正磁异常,分布面积大,矿点分布于异常之内或在其边缘梯度带之上。因此数百纳特的正磁异常可作为寻找与斑岩体有关的多金属矿化体的间接标志。

(4)反映断裂构造或蚀变带的串珠状磁异常、强度较低,以正异常为主,矿(化)点分布在其边缘或内部,因此串珠状的正磁异常也可作为寻找与断裂构造、蚀变带有关的多金属矿(化)点的间接标志。

第四节　地球化学特征

本区在漫长的、极为复杂的地史演化过程中形成了特殊的地质环境和构造格局,由此也造就了本地区特有的地球化学特征。本区的地球化学调查初步查明了各元素的时空变化规律和分布特征,为今后该地区的矿产预测、矿产普查等提供了地球化学基础资料。

一、地球化学景观

本区属于唐古拉高山区,地球化学景观位于青藏高原高山草甸区,属高山寒冷区,年平均气温 0℃ 以下,海拔高度多数在 4500m 以上,5000m 以上高山地带常年积雪,地形切割剧烈,基岩裸露,现代冰川广布,4500m 以下发育有草原植被和腐殖土。

区内气候、土壤、植被随海拔高度的变化,具明显的垂直分带现象,海拔高度在 5000m 以上的分布地段为永冻层覆盖,短暂的温暖季节融化形成季节性融化层,冻结与融化交替作用,致使大量的岩石破碎形成较厚的冰蚀砾石层,基本无植被生长,成壤作用极差,4500~5000m 标高范围,为高山残坡积和山麓堆积物植被生长,成壤作用较差。海拔高度在 4000m 以下的区域沿水系两旁较平凹山坡发育土壤,成壤作用较好,一般地区厚度可达 5m 以上。

二、元素富集、离散特征

1. 元素的背景特征

以 1:5 万水系沉积物测量数据为基础,对区内水系沉积物中 12 种元素的含量平均值作为丰度估计值与全省、青海南部地区丰度值相比(表 1-4)。

表 1-4 本区与全省、青海南部地区各元素丰度值统计表

元素	全省	青海南部地区	本区	元素	全省	青海南部地区	本区
Ag	66.1	77.4	94.73	Pb	20.2	22.8	26.57
As	12.4	15.8	17.32	Sb	0.82	0.87	1.05
Au	1.35	1.14	1.39	Se	—	—	0.19
Bi	0.29	0.31	0.37	Sn	2.66	2.66	2.56
Cu	19.5	20.1	34.38	Zn	55.5	63.3	76.13
Mo	0.66	0.74	1.33	W	1.66	1.87	1.63

与全省相比,本区 Ag、As、Au、Bi、Cu、Mo、Pb、Sb、Zn 等元素偏高,其中 Cu、Mo 两元素背景远高于全省背景,说明 Cu、Mo 两元素在区内富集程度较高;而 W、Sn 等元素背景相对偏低;与地球化学景观相似的青海南部地区相比,本区 As、Ag、As、Au、Bi、Cu、Mo、Pb、Sb、Zn 等元素偏高,而 W、Sn 等元素偏低。另根据以上各元素背景特点,本区 Cu、Mo 等元素的丰度明显高于全省和青海南部地区,而 W、Sn 等元素的丰度又明显低于全省和青海南部地区。以上特点说明了区内酸性岩浆活动相对较弱,沉积环境较为特殊。

2. 元素标准化方差变化特征

从本区 12 元素原始数据标准化方差 Cv_1 和背景数据标准化方差 Cv_2(剔除 $\bar{x} \pm 3S$ 后的值)来讨论两群数据集的离散程度。在这里我们应用 2002 年"青海省第三轮成矿远景区划研究及找矿靶区预测"项目中化探专业组关于"青海省水系沉积物 33 元素标准化方差矿致

判别限拟订方案"中的双指标(Cv_1、Cv_1/Cv_2)研究成果进行探讨。它的具体做法是:纵坐标刻度为原始数集的标准化方差(Cv_1),横坐标刻度为 Cv_1 同离群数据迭代剔除后新数集的标准化方差 Cv_2 的比值(Cv_1/Cv_2),用于量度剔除效应,在落点分布图上,根据 Cv_1 和 Cv_1/Cv_2 的二维位置勾画出 4 个元素归类(表 1-5,图 1-20)。

表 1-5 标准化方差双指标矿致判别拟定值计算表

元素	矿致判别限拟定值		本测区计算值		标注符号
	Cv_1 标准	Cv_1/Cv_2 标准	Cv_1	Cv_1/Cv_2	
Ag	0.7	1.5	18.55	2.94	●
As	1.0	2.0	6.68	2.20	●
Au	1.0	2	1.96	2.95	●
Bi	0.7	1.5	2.10	5.10	●
Cu	0.35	0.37	10.68	2.29	●
Mo	1.0	2.5	3.04	3.96	●
Pb	0.5	1.0	8.30	2.49	●
Sb	0.35	0.5	2.08	2.81	●
Se	0.7	1.5	0.45	1.58	◎
Sn	0.5	1.0	1.14	1.19	○
Zn	0.4	0.7	13.42	2.31	●
W	0.5	1.0	3.38	4.04	●

注:表内标注符号●为双指标达标;◎为单指标达标;○为双指标均未达标。

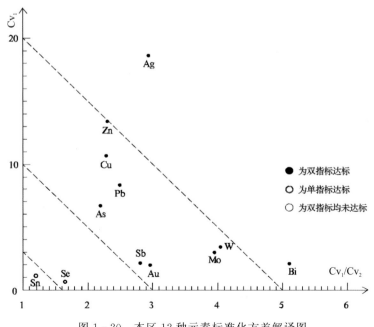

图 1-20 本区 12 种元素标准化方差解译图

(1)Ag、Bi 两元素的 Cv_1 值和 Bi 元素的 Cv_1/Cv_2 值在本区最大,说明两元素原始数据变异和离群子集最大,Ag 元素在本区成矿的可能性很大;Bi 元素一般表现为指示型元素,指示本区 Cu、Pb、Zn、W、Mo 等元素成矿的可能性极大。

(2)Cu、Pb、Zn、Au、W、Mo、As、Sb 等以多金属元素和非金属元素为主的 8 元素的双指标均达标,且原始数据变异较大,离群子集较大,以上元素组在本区富集成矿的可能性较大,为该区典型的成矿元素组。

(3)Se 为氧族非金属元素,在标准化方差特征中单指标达标,但该元素原始数据变异较小且离群子集较小,和成矿关系不大。

(4)Sn 元素为中高温元素,一般在中酸性侵入体中相对较富集,和 W、Mo 等元素共伴生,在标准化变化特征中 Sn 元素双指标均未达标,且元素原始数据变异系数和离群子集均较小,因此在本区成矿的可能性不大。

3.元素组合特征

(1)通过对 12 种元素 R 型聚类分析的解读,认为在相关系数 $\gamma=0.2$ 水平上,谱系图上显示 3 组元素组合,从上至下分别为:①Ag、Pb、As、Sb、Zn、Au(Ⅰ$_1$)—中低温亲硫性成矿元素组;②W、Sn、Mo、Cu(Ⅰ$_2$)—中酸性侵入体高温元素组;③Bi、Se(Ⅱ)—亲氧性非金属指示元素组。这 3 组元素组合宏观地反映了本成矿带 12 种元素于不同地质环境和不同成矿环境下相关关系的态势(图 1-21)。

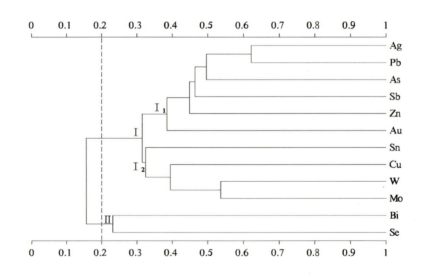

图 1-21 水系测量 12 种元素 R 型聚类分析谱系图

(2)通过研究 12 种元素分析结果的旋转因子分析矩阵,取累计方差贡献达 80%,7 个主要因子的变量载荷以绝对值 0.4 为界,按大小排序形成结构式(表 1-6),本区地球化学元素分布特征与区内地质构造展布关系密切,应用以能抽象系统表达测区地球化学变化特征的旋转因子成果为主,结合 R 型聚类分析、区内地质背景、特征元素变化系数、浓幅分位值等参数特征来讨论。

表 1-6　本区主要因子特征根及结构式

因子	特征根	特征根/%	累积/%	主要因子结构式	因子解释
F_1	3.713	30.945	30.945	$Bi^{+0.923}W^{+0.452}$	中酸性侵入体成矿元素组
F_2	2.007	16.724	47.669	$W^{+0.420}Mo^{+0.962}$	中酸性侵入体成矿元素组
F_3	1.053	8.773	56.442	$Cu^{+0.930}$	有色金属成矿元素组,和区内热液活动、中酸性岩体有一定关系
F_4	0.893	7.441	63.883	$Pb^{+0.931}$	有色金属成矿元素组,和区内热液活动有一定关系
F_5	0.8	6.668	70.551	$Sn^{+0.964}$	中酸性侵入体成矿元素组
F_6	0.764	6.365	76.916	$Zn^{+0.955}$	有色金属成矿元素组,和区内热液活动有一定关系
F_7	0.662	5.517	82.433	$Au^{+0.968}$	推测和构造活动有一定关系
F_8	0.619	5.156	87.589	$Se^{+0.977}$	半金属稀散元素组
F_9	0.53	4.415	92.004	$Sb^{+0.932}$	中低温热液活动有关元素组
F_{10}	0.439	3.662	95.666	$As^{+0.919}$	中低温热液活动有关元素组
F_{11}	0.334	2.78	98.446	$Ag^{+0.855}$	沉积地层有关元素组
F_{12}	0.186	1.554	100	$W^{+0.714}$	中高温热液活动相关元素组

元素组合为 Bi、W 是本区最强大的因子,为中酸性成矿元素组,反映了本区酸性岩浆活动频繁,其中 Bi 元素载荷值大于 0.9,而 Bi 很少单独成矿,一般都同 Cu、Pb、Zn、Mo、Au、Sn 等相伴生,且在已发现的矿床中和钨矿伴生最多,反映了本区成多金属矿的潜力巨大。W、Mo 元素组合是本区第二因子,二者均为高温亲铁性元素,是反映区内中酸性岩浆活动的因子,也是区内成矿元素组。元素 Cu、Pb 为有色金属成矿元素组合,在地球化学元素亲和性中体现为两性特征,当为 0 价态时具亲铁性,以自然金属单质或者金属互化物形式存在,而当以正价阳离子形式存在时,具亲硫性,形成硫化物,本区 Cu、Pb 元素体现为亲硫性,和区内高温热液活动关系密切。Sn 元素为高温元素,但其在区内背景较低,原始数据变异较小,离群子集也较小,因此 Sn 在本区成矿潜力不大。Zn 元素单从地球化学元素亲和性分析,和 Pb 元素一样表现为亲硫性,说明在本区 Pb-Zn 两元素富集及成矿特征相同,与高温热液活

动关系密切。Au 元素在区内背景值均大于全省和青海南部地区的背景值,但 Au 和其共生组合的 As、Sb 等指示性元素相关性并不大,因此该元素在区内的成矿潜力还需进一步挖掘。Se 元素是半金属稀散元素,在本区成矿潜力不大。As、Sb 元素一般和其他元素相伴生,同时也是很好的指示性元素,和中低温热液活动关系密切。Ag 元素是贵金属元素,该元素原始数据极差较大,离散程度较高,数据的可研究程度很高,且在标准化方差中离群较远,因此 Ag 在本区成矿的潜力较大。W 元素在 F_1、F_2 因子组中也有,说明在本区 W 元素富集及成矿特征中除与高温热液活动关系密切之外,还有其他富集特征及成因。

(3)根据已有成矿模式及矿床成矿元素组合,Cu、Pb、Zn 等元素地球化学元素亲和性上均表现为亲硫性,在已有矿床中为共伴生关系,在区域成矿上关系密切。在金属硫化物矿床、脉状热液矿床、火山岩型矿床和矽卡岩型矿床中,最常见到 Pb、Zn 等元素组合,因此 Pb、Zn 在矿床中表现为共伴生关系,并且 Pb、Zn 两元素在地球化学亲和性上均表现为亲硫性,在成矿过程中共生及伴生的概率很大。纳日贡玛矿床的成矿中找到二者之间的对数线性关系,也是一种正比关系(图 1-22)。

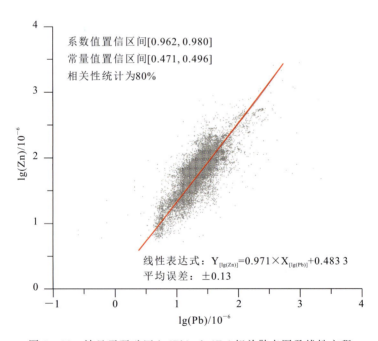

图 1-22 纳日贡玛矿区 lg(Pb)-lg(Zn)相关散点图及线性方程

4.元素在不同地质体中的分布特征

(1)第四纪(Q)、古近纪沱沱河组($E_{1-2}t$)以富集 Ag、As、Bi、Cu、Pb、Zn 等元素为主要特征。

(2)中生代晚白垩世二长花岗斑岩、灰色—浅肉红色中斑状二长花岗岩,以相对富集 Au、Ag、As、Sb、Bi、Se、Cu、Pb、Zn、W、Mo 等元素为主要特征,其中 Ag、Cu、Pb、Zn、W、Mo、

Se 等元素富集系数较大,为强富集元素。

(3)波里拉组(T_3b)岩性以深灰色角砾状碎屑灰岩、泥岩为主,以相对富集 Au、Ag、As、Sb、Bi、Cu、Pb、Zn、W、Mo 等元素等为特征,其中 As 元素富集系数较大,Sn、Se 两元素表现为强亏损。

(4)巴贡组(T_3bg)岩性为暗灰色、黑灰色、黄褐色砂岩夹板岩、碳质页岩夹少量灰岩、火山岩及煤线,以相对富集 Au、Ag、As、Sb、Bi、Cu、Pb、Zn、W、Mo 等元素为特征,Se 表现为亏损性特征。

(5)甲丕拉组(T_3jp)主要岩性为紫红色砂岩、泥岩、砾岩夹灰绿色泥灰岩,局部夹炭质板岩、火山岩,以相对富集 Au、Ag、As、Sb、Bi、Cu、Pb、Zn、W、Mo 等元素为特征,其中 Ag 富集系数较大,Se 表现为强亏损。

(6)开心岭群九十道班组(P_2j)主要岩性为中层状灰岩、生物碎屑灰岩夹少量石英粗砂岩、粉砂岩,以相对富集 Au、Ag、As、Sb、Bi、Sn、Cu、Pb、W、Mo 等元素为特征,其中 Ag、Cu、Bi 等元素富集系数较大,Sn、Zn 等表现为亏损特征。

(7)开心岭群诺日巴尕日保组碎屑岩段($P_{1-2}nr^1$)岩性为灰紫色—灰色中—厚层状中细粒岩屑长石砂岩、岩屑石英砂岩、泥钙质粉砂岩夹灰色薄层状含砾粗砂岩、灰—深灰色中—薄层状微晶灰岩、砂屑灰岩、含生物碎屑灰岩,以相对富集 Au、Ag、As、Sb、Bi、Sn、Cu、Pb、Zn、Mo 等为主要特征,其中 Ag、Cu、Se 等富集系数较大,Sn、W 表现为强亏损。

(8)开心岭群诺日巴尕日保组火山岩段($P_{1-2}nr^2$)岩性为紫红色—灰白色安山岩、灰色英安岩、灰绿色玄武岩、灰色流纹岩夹浅灰色凝灰岩、黑灰色泥钙质粉砂岩、钙质泥岩、灰色砂岩及灰岩,以相对富集 Au、Ag、As、Sb、Bi、Se、Cu、Pb、Zn、W、Mo 等元素为主要特征,其中 Ag、As、Se、Cu、Pb、Zn 等元素富集系数较大。

(9)早石炭世杂多群(C_1Z)在区域上出露碎屑岩组和灰岩组。碎屑岩组(C_1Z^1)岩性为紫红色—灰绿色长石石英砂岩、石英砂岩、碳质页岩夹灰岩、石膏、煤层及中酸性火山岩。灰岩组(C_1Z^2)岩性主要为灰岩夹少量碎屑岩、中酸性火山岩,属砂屑灰岩-生物灰岩建造。该群以相对富集 Au、Ag、As、Sb、Bi、Sn、Cu、Pb、Zn、Mo 等为主要特征,其中 Ag、As、Zn 富集系数较大,Sn、W 表现为强亏损。

5.元素在时间上的含量变化趋势特征

依据不同时代地层中的元素含量统计分析,总结本区各元素含量随地质时代由老至新的变化趋势(图 1-23)。

Ag、As、Se、W、Mo、Sn 等元素的变化趋势基本一致,随着地层由老到新,元素含量波动变化较大,总体呈递增趋势,含量在中生代晚白垩世二长花岗斑岩和二叠系(九十道班组、诺日巴尕日保组)中表现较高;峰值出现在早二叠世开心岭群诺日巴尕日保组碎屑岩段,最小值均出现在巴贡组地层中。

Cu、Zn、Au、Sb、Bi 等元素峰值大部分出现在早石炭系杂多群(C_1Z),并且随着地层由老到新,曲线走势低缓,没有明显的变化波动。

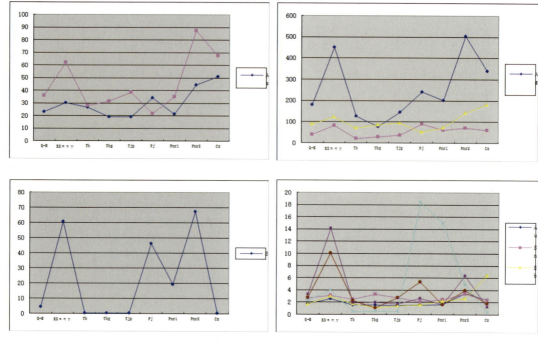

图1-23 元素随地层时代由老至新含量变化趋势图

Pb元素随着地层由老到新,元素含量波动变化较大,总体呈递增趋势,含量在中生代晚白垩世二长花岗斑岩和早—中二叠世开心岭群诺日马尕日保组中表现较高;峰值出现在开心岭群诺日马尕日保组,而最小值出现在晚二叠世开心岭群九十道班组中。

Se元素随着地层的由老到新变化很大,在中生代晚白垩世二长花岗斑岩、晚二叠世开心岭群九十道班组和早—中二叠世开心岭群诺日巴尕日保组碎屑岩段中表现出极高值,而在其余地层均表现出极低值,受地层专属性影响较大。

三、1∶5万地球化学特征

(一)1∶5万地球化学异常分布特征

本区共圈定了127处综合异常,异常整体呈带状分布,异常带展布方向与区域构造线基本一致。每个异常带中随地质背景的不同,呈现元素组合的规律变化。其中Cu、Pb、Zn、Ag元素分布最为广泛;而Mo、Au、Cu、Cd、Ba、W等元素则分布不均匀,因地质背景不同而变化。Cu、Mo、Pb、Zn、Ag总体上以纳日贡玛、色的日及陆日格岩体为中心,向南东方向有从中高温元素组合(Cu、Mo、W、Pb、Zn)向中低温元素组合(Cu、Pb、Zn、Ag)过渡的趋势。另外,在叶霞乌赛及宋根托日等地区元素沿构造线展布特征明显,成矿元素主要以中低温元素组合为主。总体上自北向南分为两条异常带(图1-25)。

(1)可日才龙-茶宿玛异常带

由51处综合异常组成,该带主元素主要为W、Sb、Bi、Ag等,伴生元素表现为Mo、Au、As、Pb、Cu等;该带异常在空间上表现出一定的规律性,自北西—南东异常个数逐渐减小,异常强度及规模逐渐变小,异常规模及强度最大异常出现在异常带中部靠近纳日贡玛南异常带处。此外,该异常带中W、Sb两元素地球化学背景较高,富集系数元大于其他元素。

(2)纳日贡玛-加毛日索异常带

由76处综合异常组成,其中以纳日贡玛异常为代表,主元素主要表现为Ag、Pb、Bi、As、Mo,伴生元素主要表现为Cu、Zn、Au、W等。该异常带中Ag、Bi两元素背景值极高,富集系数远高于其他元素。该异常带在空间及元素组合上表现出一定的规律性,自北西—南东异常规模及强度逐渐减弱,主元素在西北部主要表现为Ag、Bi,中部表现为Ag、Sb,东南部表现为Pb、Ag、As、Mo、Sb等。

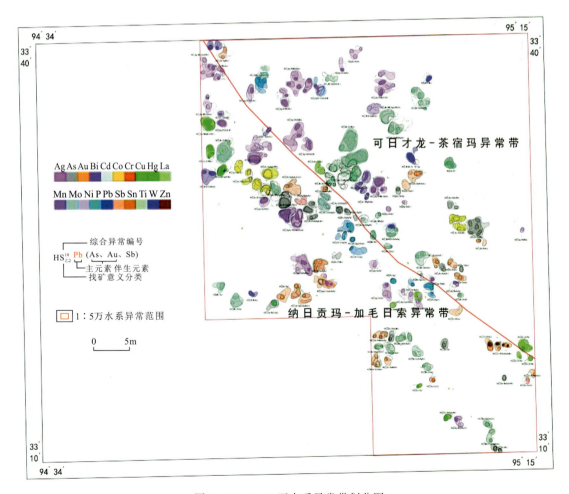

图1-24 1:5万水系异常带划分图

(二)地球化学异常的分类特征

地球化学异常分类主要是依据元素地球化学特征、元素相关性及在区内的共生组合关系进行的,同一分类的异常一般具有相同或相似的主元素。就范围而言,同一组合的元素异常出现在相同区段;就产生原因而言,同一组合元素富集的主要控制因素应基本一致;就找矿意义而言,同一分类异常元素组合和地质背景显示欲寻找的目标矿种一致或反映了相似的地质意义。通过分析区内成矿地质条件、异常元素组合特征及控制因素,按照区内元素的地球化学特征,可划为以亲硫元素 Cu、Pb、Zn、Ag、Au、As 为主,且与多金属类矿床成矿元素有关的异常;高温元素 W、Mo 类;其他元素类 Se。

(三)地球化学异常组合特征

1. 亲铜元素 Cu、Pb、Zn、Au、Ag、As 类

(1)Cu 异常

Cu 元素在本区地球化学背景较高,各异常中 Cu 异常出现的概率为 30.7%,为本区很好的主成矿元素和组合元素。从全区来看,纳日贡玛—夏色杂莫干一带较其他地区异常分布多,异常强度大,而离该异常带越远,异常分布数量减少,异常强度减弱。通过 Cu 元素异常图及综合异常图在本区总结出纳日贡玛—陆日格 Cu 异常浓集区和众根涌—色的日 Cu 异常浓集区。以上两个浓集区中 Cu 异常个数较多,峰值明显,异常规模和强度均很大,为本区寻找铜矿的重点区域。

(2)Pb 异常

Pb 元素在本区地球化学背景高,各异常中 Pb 异常出现的概率为 45.7%,为本区很好的主成矿元素和组合元素。从全区来看,纳日贡玛—夏色杂莫干一带异常分布最多,异常强度最大,而离该异常带越远,异常分布数量减少,异常强度减弱。通过 Pb 元素异常图及综合异常图在本区总结出的茸能纳日贡玛—夏色杂莫干 Pb 异常浓集带和岗尕付切吉 Pb 异常浓集区。以上浓集区中 Pb 异常个数较多,峰值明显,异常规模和强度均很大,为本区寻找铅矿的重点区域。

(3)Zn 异常

Zn 异常在本区分布较为广泛,但大部分 Zn 元素异常分布在组合特征中,Zn 在本区地球化学背景高,各异常中 Zn 异常出现的概率为 37.8%,为本区很好的主成矿元素和组合元素。从全区来看,Zn 异常的分布规律和 Pb 异常极为相似,纳日贡玛—夏色杂莫干一带异常分布最多,异常强度最大,而离该异常带越远,异常分布数量减少,异常强度减弱。通过 Zn 元素异常图及综合异常图在本区总结出的茸能纳日贡玛—矿怕切热 Zn 异常浓集带和岗尕付切吉西 Zn 异常浓集区,以上浓集区中 Zn 异常个数较多,峰值明显,异常规模和强度均较大,为本区寻找锌矿的重点区域。

(4)Au 异常

Au 异常在本区分布较为稀疏,地球化学背景和全省背景基本一致,各异常中 Au 异常

出现的概率为 34.6%。到目前为止,在区内地表还没有找到典型的金矿或者和金有关的矿床,但区内 Au 元素异常显示有一定的成矿潜力。因此对全区所有的金异常进行总结筛选。从全区来看,Au 元素异常的分布具有的一定的规律性,主要展布在纳日贡玛—建江占怕尕否一线,而在其余地区异常分布很少。

(5) Ag 异常

Ag 元素在本区地球化学背景高,特别在纳日贡玛地区 Ag 元素背景远高于全省背景,各异常中 Ag 异常出现的概率为 69.3%,为本区很好的主成矿元素和组合元素。从全区来看,Ag 异常的分布规律和 Pb、Zn 异常极为相似,其中纳日贡玛—夏色杂莫干一带异常分布最多,异常强度最大,而离该异常带越远,异常分布数量减少,异常强度减弱。通过 Ag 元素异常图及综合异常图在本区总结出的茸能纳日贡玛—矿怕切热 Ag 异常浓集带和岗尕付切吉 Ag 异常浓集区。以上浓集区带中 Ag 异常个数较多,峰值明显,异常规模和强度均较大,为本区寻找银多金属矿的重点区域。

(6) As 异常

As 元素在本区地球化学背景高,各异常中 As 异常出现的概率为 45.7%,为本区很好的主成矿元素和指示元素。从全区来看,As 异常的分布规律和 Pb、Zn、Ag 异常较为相似,其中纳日贡玛—夏色杂莫干一带异常分布最多,异常强度最大,而离该异常带越远,异常分布数量减少,异常强度减弱。通过 As 元素异常图及综合异常图在本区总结出纳日贡玛地区曲莫踏纳益—矿怕切热 As 异常浓集带和岗尕付切吉 As 异常浓集区。以上浓集区带中 As 异常个数较多,峰值明显,异常规模和强度均较大,为本区寻找和砷有关矿床的重点区域。

2. 高温元素 W、Mo 类

(1) W 异常

W 元素在本区地球化学背景略高于全省背景,各异常中 W 异常出现的概率为 26.8%,根据前文变化系数解译的结论:W 元素在本区的 $Cv_1 - Cv_1/Cv_2$ 散点图上离群较远,具有一定的成矿潜力。从全区来看,W 异常主要集中在纳日贡玛地区,而在其余地区的 W 异常分布较少。在纳日贡玛周边圈定的 8 号异常、30 号异常、37 号异常峰值较为显著,异常规模和异常强度较大,评序指数较高,具有一定的找矿潜力。

(2) Mo 异常

Mo 元素在本区地球化学背景高,远高于全省背景,各异常中 Mo 异常出现的概率为 43.4%,为本区很好的主成矿元素和组合元素。从全区来看,Mo 异常在纳日贡玛地区分布最为广泛,而在其他地区异常较少,分布很稀疏。区内以 Mo 为主元素的异常大部分显示较弱,评序指数较小,可能和区内的地层有一定的关系,也有可能大部分的 Mo 异常由深部中酸性地质体引起。已圈定的 48 号异常峰值为 270×10^{-6},三级浓度分带明显,28 号异常峰值为 200×10^{-6},三级浓度分带明显,以上两异常均为甲 1 类异常,分别由纳日贡玛铜钼矿床、陆日格铜钼矿床引起。异常元素组合为 Mo – W – Pb – Ag – Bi – Cu,为典型的高温元素组合,具有寻找高温热液型 Mo – W 矿的潜力。

3. 其他元素 Se 类

Se 异常,主要分布于区内的岩体接触带及其附近,与 Bi 异常为正相关联系,进入异常特征组合成为主元素者为 2 处,分别是 31 号丙类和 102 号乙 3 类异常,其中 102 号乙 3 类异常为最强,排在第一,评离指数为 80.32,该异常意义不明确,可能与区内的岩浆岩发育有关。

第二章 主要矿床特征

第一节 矿产概况

一、区域矿产概况

参照《中国矿产地质志·青海卷》(2020)纳日贡玛—囊谦地区大地构造位于开心岭-杂多陆缘弧带(Ⅲ-2-6),依据《青海省区域矿产志》研究最新成果,其成矿带位于"昌都-普洱Pb-Zn-Mo-Cu-Ag-Fe-砂金-煤-硫铁矿-盐类-石膏成矿带(青海段)",即省内三级成矿带,并进一步划属为"纳日贡玛-囊谦Pb-Zn-Mo-Cu-Ag-Fe-硫铁矿-盐类成矿亚带(即四级成矿带)"。该成矿带是青海省省内重要的多金属成矿带之一,它经历了古生代—中生代古特提斯阶段的弧-盆演化和新生代大陆碰撞造山的构造叠加,成矿条件得天独厚,纵观目前所发现的大、中型矿床,成矿作用主要集中在新生代(喜马拉雅期)。因青藏高原随印-亚大陆碰撞造山而发生成矿作用,区域内成矿具有规模大、时代新(65Ma至现代)、矿床类型多、保存条件好(成矿后期改造轻微)等特征。

区域上矿产较丰富,累计发现各类矿产14类,其中金属矿产以铅锌、钼、铁为主;矿物类非金属有硫铁矿、石膏、石棉等;岩石(土)类非金属有石灰岩和黏土,均不成规模;能源矿产有煤、地下热水等;水气矿产有地下水。优势矿种为铅锌、钼、硫铁矿等。区域内目前累计发现矿产地78处,矿床8处(大型矿床2处、中型矿产3处、小型矿床3处),矿点70处,成矿强度5.23矿床/万 km^2。成矿类型以斑岩型、浅成中低温热液型为主,其他还有海相火山岩型、岩浆热液型、接触交代型、生物化学沉积型矿床等。成矿时代主要以喜马拉雅期为主。在全省占有重要地位的矿床有杂多县纳日贡玛钼铜矿床、杂多县莫海拉亨铅锌矿床、杂多县东莫扎抓铅锌矿床、杂多县然者涌铅锌银矿床等。另外众根涌铜矿点、阿夷则玛铁矿点、打古贡卡铜钼矿化点、陆日格铜钼矿点、耐千铜铅锌矿点、阿姆中涌—阿阿牙赛铅锌银多金属矿点、吉龙铜矿点和布当曲煤矿床等具有一定远景,其余矿(化)点工作程度均非常低(表2-1,图2-1)。

表 2-1 纳日贡玛—囊谦成矿亚带矿产地一览表

矿床类型	规模	成矿时代						
		C	P	T	J	K	E	Q
接触交代型矿床	小型	—	—	—	—	1	—	—
	矿点	—	—	2	—	—	2	—
斑岩型矿床	大型	—	—	—	—	—	1	—
	矿点	—	—	—	—	—	2	—
岩浆热液型矿床	矿点	—	—	—	1	—	—	—
海相火山岩型矿床	中型	—	—	1	—	—	—	—
	小型	—	—	—	—	—	—	—
	矿点	1	2	1	—	—	—	—
浅成中低温热液型矿床	大型	—	—	—	—	—	1	—
	中型	—	—	—	—	—	2	—
	小型	—	—	—	—	—	—	1
	矿点	2	8	16	1	—	9	2
机械沉积型矿床	矿点	1	—	—	—	—	1	—
化学沉积型矿床	矿点	2	2	7	—	—	—	—
蒸发沉积型矿床	小型	—	—	—	—	—	—	1
	矿点	—	—	—	—	—	1	—
生物化学沉积型矿床	矿点	6	—	1	—	—	—	—
矿产地分计	大型	—	—	—	—	—	2	—
	中型	—	—	1	—	—	2	—
	小型	—	—	—	—	1	—	2
	矿点	12	12	27	2	—	15	2
合计		12	12	28	2	1	19	4

纳日贡玛—囊谦地区内中酸性侵入岩分布广泛,与斑岩型有关的矿产主要集中于纳日贡玛—陆日格矿集区(以下简称"矿集区"),矿集区内斑岩型铜钼矿主要与喜马拉雅早期(始新世—渐新世)花岗斑岩有关,其次是印支期的花岗斑岩体,在古近纪喜马拉雅早期黑云母二长花岗斑岩与印支期强硅化花岗斑岩中铜、钼矿化十分明显,是矿集区内斑岩系列矿床的主要成矿母岩。

矿集区内纳日贡玛斑岩型铜钼矿床作为青海南部典型矿床,栗亚芝等(2012)认为其在空间上与西藏"玉龙"斑岩型特大型铜矿床同属西南三江成矿带(图2-2),且矿床时间形成于印-亚大陆晚碰撞期,即新近纪喜马拉雅期早期。纳日贡玛铜钼矿床是矿集区内主要与走

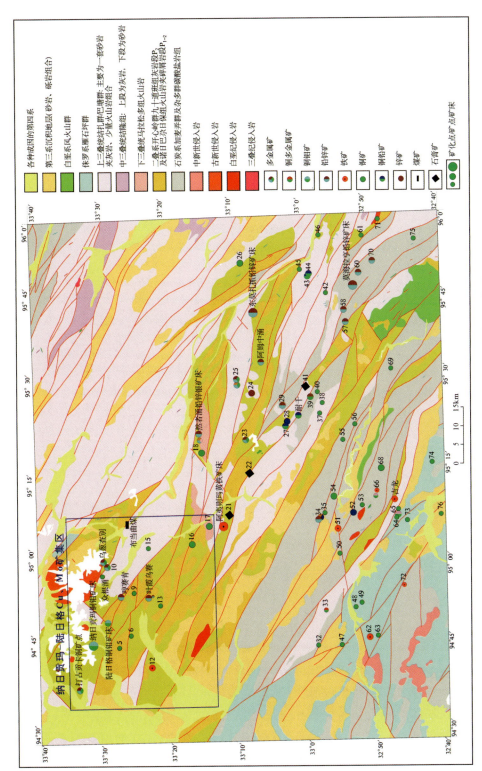

图 2-1 纳日贡玛—襄谦地区矿产分布简图

滑断裂系统有关的最大斑岩铜钼矿床,其周边分布有其他斑岩型特征的打古贡卡、陆日格、哼赛青铜钼矿(床)点存在。

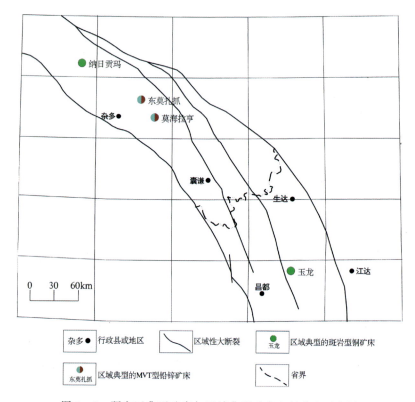

图2-2 研究区典型矿床与区域典型矿床空间分布示意图

目前纳日贡玛-陆日格矿集区内累计发现各类矿产地(点)17处,有大型矿床1处,中型矿床1处,其他矿点15处。截至目前累计查明资源储量为铜 46.23×10^4 t,钼 24.46×10^4 t。

二、成矿区(带)

(一)所属的Ⅳ、Ⅴ级成矿区(带)

根据纳日贡玛—囊谦地区成矿规律研究,针对区内有色金属、贵金属、黑色金属、非金属等矿种,以成矿系列理论为指导,以大地构造单元及大地构造演化与成矿为基础,参考《中国成矿区带划分方案》(徐志刚等,2008)进行成矿单元划分。纳日贡玛—囊谦地区Ⅰ、Ⅱ、Ⅲ、Ⅳ、Ⅴ级成矿区(带)的划分归属主要参考《青海省区域矿产志》最新的成果。依照《青海省区域矿产志》的研究成果,Ⅰ级成矿区(带)对应于青海省西藏-三江造山系特提斯成矿域(Ⅰ-3)。Ⅱ级成矿区(带)对应于喀喇昆仑-三江成矿省(Ⅱ-9),基本对应于二级大地构造单元,为跨越数省,以省内深大断裂为界,空间展布范围较大的成矿带。Ⅲ级成矿区(带)

对应于昌都-普洱 Pb-Zn-Mo-Cu-Ag-Fe-砂金-煤-硫铁矿-盐类-石膏成矿带(青海段)(Ⅲ-36),为成矿地质背景及控矿地质条件相同,并有较大展布范围的矿带。Ⅳ成矿亚区(带)对应于纳日贡玛—囊谦 Pb-Zn-Mo-Cu-Ag-Fe-硫铁矿-盐类成矿亚带(Ⅳ-36-3),为同一成矿地质环境、同一成矿作用形成的一系列矿产分布区。Ⅴ级矿带(矿集区)对应于纳日贡玛—陆日格 Cu-Mo 矿集区(Ⅴ-36-3-1),为有矿床(点)分布、成矿地质环境良好、成矿作用发育、具有找矿潜力的矿化分布区或具有矿床(点)分布、有良好成矿地质条件、保存条件且显示地球物理、地球化学异常为致矿异常属性的成矿(找矿)有利区(表2-2,图2-3)。

表2-2 纳日贡玛—囊谦地区成矿带成矿单元划分表

Ⅰ级成矿域	Ⅱ级成矿省	Ⅲ级成矿带(区)		Ⅳ级成矿亚带(区)		Ⅴ级矿带(矿集区)	
		编号	名称	编号	名称	编号	名称
Ⅰ-3青海省西藏-三江造山系特提斯成矿域	Ⅱ-9喀喇昆仑-三江成矿省	Ⅲ-36	昌都-普洱Pb-Zn-Mo-Cu-Ag-Fe-砂金-煤-硫铁矿-盐类-石膏成矿带(青海段)	Ⅳ-36-1	下拉秀 Pb-Zn-Cu 成矿亚带		
				Ⅳ-36-2	乌兰乌拉-乌丽-草曲Cu-煤-砂金-石膏成矿亚带		
				Ⅳ-36-3	纳日贡玛-囊谦 Pb-Zn-Mo-Cu-Ag-Fe-硫铁矿-盐类成矿亚带	Ⅴ-36-3-1	纳日贡玛-陆日格Cu-Mo 矿集区
						Ⅴ-36-3-2	然者涌-东莫扎抓Pb-Zn-Ag 多金属矿集区
				Ⅳ-36-4	旦荣-解嘎 Ag-Cu-Pb-Zn-煤成矿亚带		

(二)区内Ⅳ、Ⅴ级成矿区(带)特征

1. 纳日贡玛-囊谦 Pb-Zn-Mo-Cu-Ag-Fe-硫铁矿-盐类成矿亚带(Ⅳ-36-3)

该成矿亚带主要成矿地质事件及矿化类型有:与石炭纪弧后盆地含煤碎屑岩建造有关的煤矿化(杂多县吉涌—其涌煤、囊谦县查然宁煤矿等);与二叠纪被动陆缘环境下的碎屑岩建造有关的铅锌矿化(杂多县尕牙根铅矿点等);与三叠纪火山岛弧环境下海相火山岩有关的硫铁矿矿化(杂多县阿夷则马赛硫铁矿床等);与三叠纪滨浅海—陆相沼泽沉积碎屑岩夹碳酸盐岩建造有关的石膏矿化(杂多县赛群涌石膏矿点等);与晚三叠世碳酸盐岩建造有关的铜、铅锌矿化(杂多县莫海拉亨—叶龙达铅锌矿床、杂多县东莫扎抓铅锌矿床等);与古近纪中酸性斑岩侵入体有关的铜、钼矿化(杂多县纳日贡玛钼铜矿床等)以及产于第四纪湖沼中的蒸发沉积型盐矿(囊谦县达改岩盐矿床)。

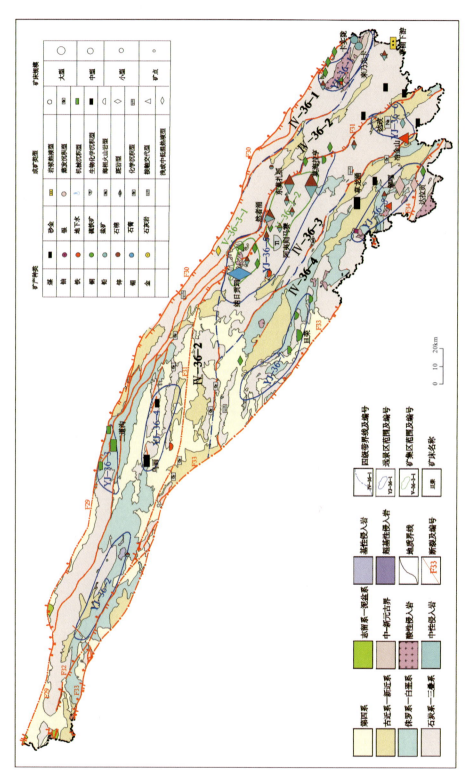

图 2-3 昌都-普洱成矿带（青海段）成矿单元划分图（Ⅲ-36）

该成矿亚带内累计发现各类矿产 14 类,优势矿种为铅锌、钼、硫铁矿等。带内目前累计发现矿产地 78 处,其中大型矿床 2 处、中型矿产 3 处、小型矿床 3 处,矿点 70 处,大型矿床成矿时代主要以喜马拉雅期为主(图 2-4)。

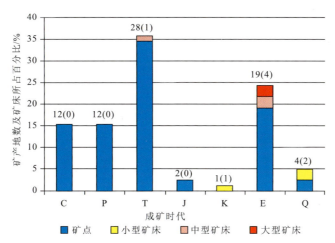

图 2-4　纳日贡玛-囊谦成矿亚带矿产地数及成矿时代结构图

注:1(1)表示某成矿时代矿产地总数(矿床数量)。

该成矿亚带内相对矿产地分布较为集中,进一步划分出Ⅴ级成矿带(矿集区)2 处。

2. 纳日贡玛-陆日格 Cu-Mo 矿集区(Ⅴ-36-3-1)

(1)成矿地质背景

矿集区大地构造位于开心岭-杂多陆缘弧带(Ⅲ-2-6),地处杂多县北西纳日贡玛至陆日格一带,面积约 868km²。区内与成矿关系密切的是喜马拉雅早期黑云母花岗斑岩,区内北西向断裂构造及次级断裂构造发育,与区内矿化带、矿体等具有一定的控制关系。1:20 万 $AS_{甲1}^{440}$CuMoAgWBiCrPbHg 综合异常位于矿集区。

(2)成矿特征

区内以斑岩体、矿体、矿带为中心发育有强烈的围岩蚀变,一般面积为 5~10km²,以岩体为中心,呈环状分布。内带以硅化、绢云母化和钾化为主,外带以青磐岩化、黄铁矿化、角岩化为主,呈面状发育。矿体多分布于岩体与围岩接触带附近,矿产种类主要为铜、钼,局部有铅锌、银、铁矿等,矿床成因主要为斑岩型、接触交代型、岩浆热液型等,成矿时代主要为喜马拉雅期。

区内只有 1 处大型矿床(纳日贡玛斑岩型铜钼矿床)和 1 处小型矿床(陆日格斑岩型钼矿床),累计查明资源储量为铜 46.23×10⁴t,钼 24.46×10⁴t,其余以 Cu、Mo、Pb、Zn、Au、Ag 矿化信息点为主的 15 处。区内仅纳日贡玛钼铜矿床达到详查,其余矿产地均为预查或矿点检查,工作程度整体不高。

(3)勘查建议

目前杂多县纳日贡玛钼铜矿床、杂多县陆日格钼矿床、陆日格铜多金属矿床等3处矿产地已经取得了较好的找矿成果,但根据现有的资料分析,矿床矿体向外围还有延伸,表明矿床还有一定的找矿潜力。同时结合地球物理、地球化学异常特征,矿区及外围找矿潜力也较大,展现出良好的找矿前景。

外围打古贡卡铜钼矿化点、陆日格钼矿点、众根涌铜矿点、乌葱查别铜矿点、哼赛青铅锌矿点等的地质矿产工作程度偏低,工作性质多数为局部的矿点检查和化探异常查证,但已发现较好的找矿线索,从区域成矿背景分析该区具有良好的找矿前景。

3. 然者涌-东莫扎抓 Pb-Zn-Ag 多金属矿集区(V-36-3-2)

该区位于纳日贡玛-陆日格 Cu-Mo 矿集区东南部,面积约 2150km^2。矿集区内分布有然者涌、东莫扎抓、莫海拉亨等大型矿床。因该集中区不涉及本次研究范围,故其地质特征等情况本书不在赘述。

第二节 区内典型矿床特征

一、纳日贡玛斑岩型铜钼矿床

(一)概况

矿区位于青海省南部,唐古拉山脉东段,怒江、澜沧江、金沙江源头,属青海省玉树藏族自治州杂多县管辖。中心坐标为 E94°47′01″,N33°31′44″。工区最高海拔5800m,最低点4600m,平均海拔5200m。交通极其不便。

纳日贡玛矿床最早在1965年由群众报矿发现,1967—1968年青海省地质局第九地质队在开展套寄涌—布当曲一带(1:20万)普查找矿工作中,对其进行了踏勘检查;1978—1980年青海省地质局第十五地质队在该区开展矿产普查;1981—2001年,由于该区海拔、交通等不利因素,鉴于当时经济水平,未开展相关调查工作;2002年,青海省金鑫公司委托青海省地质调查院进行地质调查工作,由于该公司中途撤资,项目未能实施,后期国土资源大调查项目在该区安排实施了 K301 钻孔;2003—2006年,调整勘查思路,开展以铜为主攻矿种的普查工作,依托找矿成果对区内成矿有了新的认识;2007—2010年,玉树州江霖有色金属有限公司与青海省地质调查院联合勘查,开展了详查工作,之后,由于受外部环境干扰一直未开展地质工作,矿床尚未开发利用。

(二)区域地质特征

纳日贡玛斑岩型矿床大地构造位置处于开心岭-杂多陆缘弧带(Ⅲ-2-6),成矿带属昌都-普洱成矿带之纳日贡玛-囊谦成矿亚带（Ⅳ-36-3）。区域地层以古生界—中生界为主，主要为石炭系杂多群、加麦弄群，二叠系开心岭群、乌丽群，三叠系巴颜喀拉山群、巴塘群、结扎群，侏罗系雁石坪群、吉日群，下白垩统风火山群以及分布较为局限的古近系—新近系，第四系，其中二叠系开心岭群是纳日贡玛矿区围岩的主要含矿层位。本区处于澜沧江深断裂北西端弧形转折部位，自晚古生代至新生代均有强烈的地壳运动，造就区内断裂构造和褶皱构造发育，岩浆活动强烈，火山岩、侵入岩分布广泛，其展布受区域构造的控制。尤其新生代时期印亚板块的碰撞，是区内斑岩型矿床形成的主要动力机制。

(三) 矿区地质

1. 地层

矿区内出露地层主要为下二叠统诺日巴尕日保组和第四系，诺日巴尕日保组是矿区内有利的成矿围岩，主要为一套海相基性—中基性火山岩、火山碎屑岩及碳酸盐岩，主要岩性为灰绿色、紫红色夹杂色火山碎屑岩、火山岩夹灰岩、砂岩、砾岩等（图2-5）。其中中基性火山碎屑岩是主要含矿岩性。

2. 构造

矿区构造简单，褶皱构造不发育，而小断裂及其派生的裂隙构造则十分发育。断裂构造按其展布方向可分为北西西向、北东向和近南北向3组。区内北西向断裂为热液活动提供了运移通道。区内次级构造为斑岩和矿物质的赋矿空间，控制了区内斑岩体（脉）的分布形态，与斑岩及围岩中铜钼矿化有着密切的关系。

3. 岩浆岩

矿区出露区内岩浆岩较发育，岩浆岩分布面积占90%以上，矿区侵入岩主要是黑云母花岗斑岩、浅色细粒花岗斑岩、石英闪长玢岩等构成复式岩体。斑岩体主体部分是黑云母花岗斑岩，浅色细粒花岗斑岩稍晚于黑云母花岗斑岩，黑云母花岗斑岩与成矿的关系较密切，岩体分布的范围基本控制了矿体产出范围。长轴北北东向，向北、北北东有两个分支，最大长度1.85km，南段最宽1.15km，面积0.96km^2，呈不规则状小岩株。

(四) 矿体特征

该矿床受黑云母花岗斑岩控制，矿体主要赋存于诺日巴尕日保组中基性火山碎屑岩与古近纪花岗斑岩体内外接触带。

矿区内共圈出铜（钼）矿体8个（Ⅰ-Ⅷ号矿体），各矿体内按垂向上产出部位及不同矿种又圈出铜（钼）分支矿体26条，各矿体中以Ⅲ号钼矿体、Ⅱ号铜矿体规模较大，其中以Ⅲ-Mo1矿体、Ⅱ-Cu1铜矿体最具规模。铜矿主矿体主要赋存在岩体与围岩的接触带附近，埋深8.72~152.29m；钼矿体主要赋存在花岗斑岩体内部，埋深42.21~152.29m。其中主矿体Ⅲ-Mo1产出于斑岩体上部，空间位置基本沿斑岩体与围岩的上接触带呈面状分布。矿体形态呈厚饼状—不规则蘑菇状，控制长度1200m，厚度4.96~384.96m，平均厚度

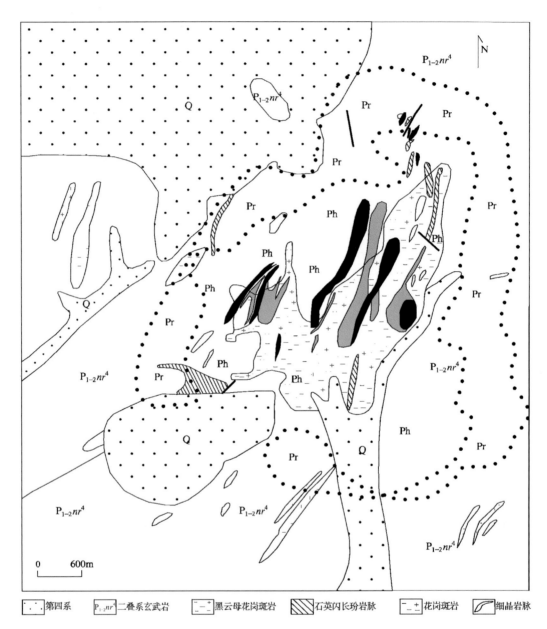

图 2-5 纳日贡玛铜钼矿床地质简图

(据郝金华等,2010 修改)

72.74m,平均品位 0.039%~0.091%,沿倾向最大斜深 1460m。Ⅱ-Cu1 为矿区内主要的铜矿体,主体位于斑岩体上部接触带靠近玄武岩一侧,沿接触带附近穿入岩体中。矿体形态似层状、不规则状。矿体主体倾向西,控制长约 1100m,倾向最大延伸约 550m(图 2-6),矿体厚度一般 6~58m,矿体铜品位 0.27%~0.40%,平均 0.30%。

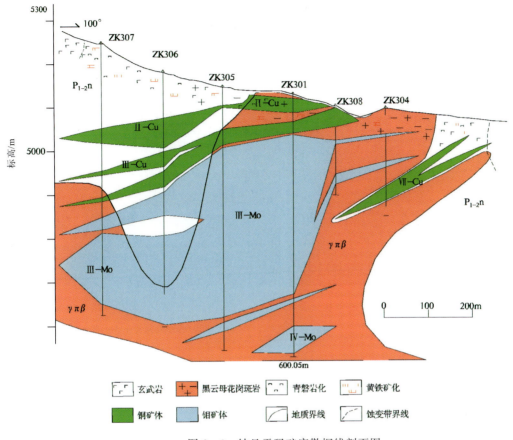

图 2-6 纳日贡玛矿床勘探线剖面图

(据王富春等,2014 修改)

矿体基本围绕斑岩体与围岩接触带分布,斑岩体内以钼矿化为主,接触带附近为铜(钼)矿化,围岩中则以铜矿化为主,其矿化的强弱与岩体内裂隙的发育程度呈正相关。矿床内所控制的矿化体分带特征,平面上为斑岩体(钼矿化)→接触带(钼、铜矿化)→围岩(铜矿化),垂向上斑岩体自上而下表现铜矿化→铜(钼)矿化→钼矿化的特征。

(五)矿石成分及结构构造

矿区内的岩石类型按金属矿物分类可分为辉钼矿石、黄铜矿石、含黄铜矿辉钼矿石和辉钼矿黄铜矿石 4 类,以前两类为主。按含矿岩石可分为玄武岩型矿石、花岗斑岩型矿石。

矿石矿物主要有辉钼矿、黄铜矿、方黄铜矿、斑铜矿、黄铁矿、磁黄铁矿、方铅矿、闪锌矿等,脉石矿物主要有长石、石英、黑云母、白云母、碳酸盐矿物、绿泥石等。矿石中主要有益组分为 Mo、Cu,矿床中 Cu 平均品位为 0.33%,Mo 平均品位为 0.068%。伴生有用组分有 Pb、Zn、S、Ag、稀土等,可综合评价。

矿体以浸染状构造为主（图2-7），其次为脉状构造，偶见辉钼矿集合体呈脉状分布（图2-8）。矿石结构主要有他形—半自形不等粒状结构、自形—半自形片状结构、固溶体分离结构、交代环边结构。矿区内围岩蚀变强烈，斑岩体内主要为高岭土化、石英-绢云母化、钾化。围岩中有角岩化，矽卡岩化，矿体北侧见少量电气石蚀变。内带以硅化-绢云母化、钾化为主，多沿北东向裂隙带发育；外带以青磐岩化、黄铁矿化、角岩化为主，呈面状分布。

图2-7 黄铜矿在非金属矿物中呈浸染状分布

光×200（Cp:黄铜矿）

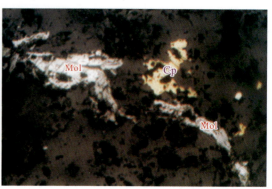

图2-8 辉钼矿集合体呈脉状分布

光×100（Cp:黄铜矿，Mol:辉钼矿）

（六）围岩蚀变特征

矿区内的岩石以斑岩体为中心蚀变强烈，斑岩体内具有黏土化、硅化—绢云母化，次有钾化等蚀变。若仅黏土化发育，而叠加的硅化和绢云母化不甚强烈时，钼及铜的矿化均较差；强烈的硅化—绢云母化往往与热液期钼矿化关系密切。围岩环绕斑岩体分布的面型青磐岩化、黄铁矿青磐岩化及局部的矽卡岩化、角岩化蚀变。含矿斑岩体蚀变分带由内向外为钾化带、黄铁绢英岩化带、青磐岩化带。

（七）资源储量

截至2018年底，累计查明主矿产钼资源量$23.62×10^4$t，矿床钼平均品位0.063%；共生铜资源量$44.23×10^4$t，矿床铜平均品位0.32%。

（八）成矿阶段划分

通过野外蚀变特征及矿物共生组合观察，结合室内的光薄片鉴定，将纳日贡玛矿床的先后关系矿床成矿作用可分为2期（汽水热液期和表生期）、4个阶段，汽水热液期是纳日贡玛铜钼矿床的主要成矿期。

1. 汽水热液期

花岗斑岩侵入后，从中分离出含有大量成矿元素和各种挥发组分的汽水热液，沿构造裂隙从深部向上部运移，到达岩体顶部及其围岩中有利部位，经物理化学条件的改变，Mo、Cu 等金属元素以硫化物的形式从汽水热液中析出而成矿。同时，在花岗斑岩体及其围岩(玄武岩)中广泛发育石英绢云母化、青磐岩化，局部出现黑云母化、角岩化、矽卡岩、黏土化和碳酸岩化。这种成矿作用发生在高温至中温热液阶段，进一步可划分为 3 个阶段。

早期钾长石—黑云母—硫化物阶段：该阶段含有一定的 HF、HCl、H_2S、P_2O_5、SiO_2、碱质和金属组分的热流体，与斑岩和围岩发生反应，在斑岩内部产生黑云母化、钾长石化；在围岩中产生黑云母角岩，局部形成矽卡岩(石榴石+透辉石)。P_2O_5 与钙铝硅酸盐反应则形成磷灰石；钛磁铁矿变成黄铁矿，同时产生榍石和金红石；钛磁铁矿和钛铁矿被交代呈白钛石($CaTiSiO_5$)。同时流体中的 H_2S 与金元素结合，形成自形—半自形黄锑矿、黄铜矿和辉钼矿，并呈浸染状分布于造岩矿物中或造岩矿物晶隙间。

石英—绢云母—硫化物阶段：热流体以富含 K 质和 SiO_2 为特征，热液使斑岩体普遍遭受石英绢云母化，围岩(玄武岩)发生广泛青磐岩化，与此同时造成大量硫化物沉淀，主要表现为形成含矿石英细脉、各种金属硫化物细脉或微脉。

碳酸盐阶段：主要呈方解石细脉或方解石石英细脉产出，脉宽一般为 0.1~1mm，可见此类细脉穿切所有不同成分的脉体，在脉中偶见黄铁矿，尚未见其他硫化物。碳酸盐脉的出现标志着汽水热液成矿期的结束。

2. 表生期(即氧化阶段)

在内生条件下形成的铜钼矿床因长期的风化剥蚀而出露地表或接近地表，在大气、水、生物作用下分解改组，形成针铁矿、孔雀石、蓝铜矿、高岭土等次生矿物。

(九)成矿物理化学条件

白云等(2007)对矿床脉石矿物石英进行了包裹体测温研究，得出流体包裹体均一温度变化范围为 208~361℃，为中温热液矿床。

通过详细的镜下观察发现，纳日贡玛斑岩矿床流体包裹体主要产于脉石英中，主要类型有盐水—气体两相(LV 相)包裹体、盐水—气体—石盐三相(LVH 相)包裹体、盐水—气体—石盐—不透明矿物四相(LVHX 相)等。盐度介于 9.0%~51.6%之间，平均盐度 21.5%，属中高盐度。

陈建平等(2008)曾对纳日贡玛斑岩钼(铜)矿床的脉体进行了 H-O 同位素组成的研究，测试结果发现，纳日贡玛斑岩矿床成矿流体可能是岩浆水与大气水混合形成。

所以岩浆热液中析出的岩浆流体在成矿过程中为矿床的形成提供了稳定的热源环境，同时从岩浆流体中释放出来的热水溶液及其他挥发组分，加上外来的大气降水等因素，为矿床的斑岩体、矿化体的形成提供了稳定的物理化学条件。

(十)矿床类型

通过以上对纳日贡玛铜钼矿床研究分析，认为其属于斑岩型铜钼矿床，主要依据有：①铜钼矿化体与花岗斑岩有直接关系，均产于花岗斑岩体内或者花岗斑岩与玄武岩接触带；

②花岗斑岩中矿化体沿矿物裂隙或石英脉分布,整体上呈细脉浸染状构造;③具有斑岩型矿床围岩蚀变的中心式面型蚀变特征,热液蚀变以绢云母化最为发育,其次是青磐岩化、钾化,这些蚀变围绕侵入体中心由内到外依次以钾化蚀变→绢云母化蚀变→青磐岩化呈椭圆状产出,与典型的斑岩型矿床的蚀变分带相比,本矿床只是缺少明显的泥岩化带;④矿床花岗斑岩具有钾质花岗岩的特点,属过铝质高钾钙碱性—钾玄岩系列。

(十一)成矿机制及成矿模式

1. 成矿时代

众多学者通过对矿区内斑岩体的年代学研究,厘定了纳日贡玛矿床的成矿时代,杨志明等(2008)获得含矿斑岩锆石 U-Pb 年龄为$(43.4±0.5)$Ma,宋忠宝等(2011)提出纳日贡玛斑岩型铜钼矿成矿主要在$(40.8±0.4)$~$(40.86±0.85)$Ma 之间,郝金华等(2012)获得 1 件辉钼矿样品 Re-Os 同位素模式年龄为$(40.8±0.4)$Ma,陈向阳等(2013)获得了区内斜长花岗斑岩的成岩年龄为$(41.0±0.18)$Ma。众多资料显示,纳日贡玛成矿时代应为古近纪。按照最新锆石 U-Pb 年龄时间差推断,纳日贡玛岩浆成矿活动区间约经历 2.6Ma,此期间岩浆热液成矿流体开始产生成矿作用。目前通过对比区域内其他斑岩型矿床,纳日贡玛矿床形成时间为最年轻,这也是纳日贡玛矿床与其他矿床点的区别。

2. 成矿物质来源

矿区内发育大量喜马拉雅期中酸性侵入岩,岩性主要为黑云母花岗斑岩、石英闪长玢岩脉、花岗斑岩、西晶岩脉等。据统计花岗斑岩体中的 Cu、Mo、W、Bi、Ag 平均值分别为 $975.96×10^{-6}$、$222.1×10^{-6}$、$98.62×10^{-6}$、$19.03×10^{-6}$、$1140×10^{-9}$,分别是同类斑岩克拉克值的 49 倍、222 倍、66 倍、1903 倍、23 倍,远高出克拉克值 2~4 个数量级,说明纳日贡玛斑岩体为纳日贡玛斑岩型铜钼矿体的成矿母岩,是提供成矿物质的直接来源,甚至局部岩体即为矿体。

从区域上对早—中二叠世诺日巴尕日保组地层中地球化学特征进行分析,该地层中均有较高的 Cu、Pb、Zn、Ag、Mo 元素显示,其中玄武岩中 Cu 平均含量达 $59×10^{-6}$,超过克拉克值 1.26 倍,Pb 平均含量达 $40×10^{-6}$,超过克拉克值 2.5 倍,Zn 平均含量 $60×10^{-6}$,是克拉克值的 0.72 倍(几乎接近克拉克值)。结合纳日贡玛自身地质特征,可见矿区内玄武岩不仅较好充当了"遮挡层",并且本身携带的 Cu、Pb、Ag 等元素使其成为主要的"含矿源岩",说明早—中二叠世诺日巴尕日保组中碎屑玄武岩为 Cu、Pb、Zn 矿(化)体提供了物质来源。

3. 形成机制

纳日贡玛斑岩体形成于古近纪喜马拉雅期挤压大背景下的拉张环境,物质来源为以地幔物质为主、地壳物质为辅的混合成矿物质。当花岗质岩浆在地壳浅部侵位时,岩浆结晶分异过程中通过热力驱动、压力梯度驱动的扩散作用,在重力场作用下发生分层现象,形成层状浅部岩浆房。在分层过程中岩浆流体挥发分向上集中,与此同时有益组分也向岩浆房上部集中,从而使富硅、富钾的花岗岩浆中 Cu、Mo 离子富集。岩浆热液向地表侵位过程中,岩体受温度递减变化,加上岩浆水、大气水的参与,在不同温度的热液阶段形成了不同的围岩蚀变现象,同时存在不同的成矿阶段。钾化蚀变直接由岩浆热液形成,没有矿化体形成,绢云母化蚀变在岩浆气液、大气水的综合作用下,Mo 离子在有利的构造空间中富集沉淀形成矿化体,其余岩浆气液流体在北西向次级构造带的控制下,自西向东呈楔形侵入到中下二叠统诺日巴尕日保组碎屑岩中,在破碎的裂隙中经充填交代作用形成铜矿化体。各矿体赋存于斑岩体的浅部(上部)和接触带围岩中,与中心侵入斑岩体构成同心圆状或椭圆状。

4. 成矿模式

综合上述地质、矿体特征、控矿因素、形成机制等方面内容,建立了成矿模式(图 2-9)。

(十二)找矿模式

根据纳日贡玛铜钼矿床特征,总结找矿模型如下。

构造环境:开心岭-杂多陆缘弧带。

含矿地层:早—中二叠世诺日巴尕日保组中基性碎屑玄武岩蚀变带。

控矿构造:北西向断裂是主要导矿构造。

蚀变标志:具黄铁矿化、钾化、绢云母化、绿泥石化和碳酸盐岩化。

成矿岩体:喜马拉雅期黑云母花岗斑岩、细粒花岗斑岩。

成矿构造:北西向断裂周围的次级构造及裂隙为容矿构造。

地球物理:斑岩体中极化率高值异常主要由岩体中的多金属矿化引起。

矿化:Cu、Mo、Pb、Zn 矿化。

二、陆日格斑岩型铜钼矿床

(一)概况

矿区位于青海省南部,唐古拉山脉东段,怒江、澜沧江、金沙江源头,属青海省玉树藏族自治州杂多县管辖。地理坐标:E94°50′00″～94°52′00″,N33°29′30″～33°32′30″,以及 E94°52′30″～94°57′30″,N33°26′30″～33°29′30″,工区面积约 62km²。矿区交通不便。

1980—1981 年青海省地质局化探队在该区进行 1∶20 万低密度区域化探、重砂扫面;2001 年青海省地质调查院在陆日格—众根涌一带进行了 1∶5 万水系沉积物测量,位于陆日格地区的 HS 甲 06 异常通过工程揭露,发现铜、钼及铅锌矿化体多条;2001—2005 年青海省地质调查院在该区实施了"青海纳日贡玛—众根涌铜矿远景评价"项目;2005—2007 年青海地质调查院在该区开展了由中国地质调查局下达的"青海纳日贡玛—拉美曲地区矿产远景调查(比例尺 1∶5 万)"项目;2006 年青海省地质调查院在该区实施了"青海纳日贡玛铜钼矿普查"项目,对陆日格地区进行了异常检查工作;2006—2008 年青海省地质调查院在该区实施了"青海杂多然者涌—东莫扎抓铜多金属矿评价"项目;2008—2009 年青海省地质调查院实施了"青海省杂多县陆日格地区铜钼矿普查"项目;2010—2012 年陆日格地区作为"青海省

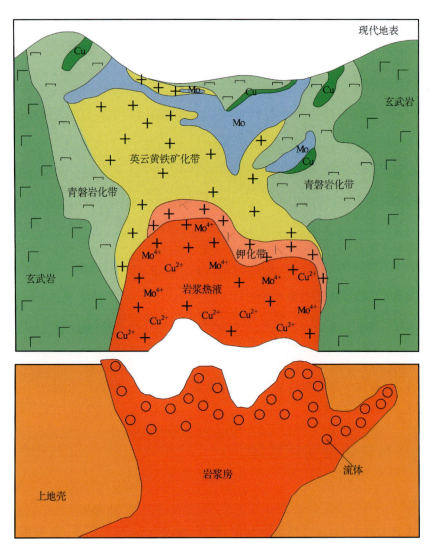

图 2-9 纳日贡玛矿床成矿模式图

(据王富春等,2022 修改)

杂多县纳日贡玛地区铜钼矿整装勘查"子项目之一,由青海省地质调查院进行了项目实施。

(二)区域地质特征

本区构造单元为开心岭-杂多中二叠世陆缘弧带(Ⅲ-2-6),成矿带属纳日贡玛-囊谦 Pb-Zn-Mo-Cu-Ag-Fe-硫铁矿-盐类成矿亚带(Ⅳ-36-3)。三江断裂带之一的澜沧江深断裂自晚古生代起,长期活动,形成了本区的基本构造格局,亦控制了中酸性侵入岩的分布,北西西向次级断裂及北东向与北西西向断裂交切复合部位为岩浆、矿质提供了有利的赋存空间,造就了良好的成矿地质背景。由于该矿床与纳日贡玛钼铜矿床相邻,其区域地质特征完全一致。

(三) 矿区地质特征

矿区地处杂多晚古生代开心岭-杂多陆缘弧盆带中,断裂构造较为发育,岩浆活动较为强烈。

1. 地层

矿区内出露的地层主要为早石炭世杂多群,早—中二叠世开心岭群、晚三叠世波里拉组及第四纪。其中早石炭世杂多群中碎屑灰岩段为铅锌矿含矿层位,早—中二叠世开心岭群中基性火山岩组玄武岩接触带为钼铜矿的含矿层位(图2-10)。

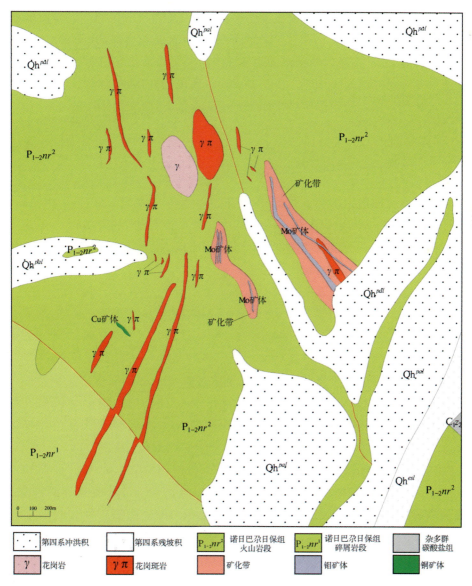

图 2-10 陆日格矿床矿区地质简图

(据张永涛等,2022修改)

2. 构造

矿区内构造主要为断裂、褶皱构造。褶皱构造主要为陆日格复背斜、哼赛青背斜。其中陆日格复背斜分布于陆日格矿区南西侧，对陆日格地区成矿、控矿作用明显，陆日格位于该复背斜北翼花岗斑岩体中。陆日格中部的北西-南东向断裂是区内重要的控（成）矿构造，区内Ⅱ号钼矿带沿该断裂产出。

3. 岩浆岩

矿区内分布的主要为喜马拉雅期的各类岩浆岩，多以地表岩浆岩和隐伏岩浆岩两种方式出现。地表岩浆岩多呈脉状出露，深部呈厚大的块层状产出。在地表斑岩体多呈小岩株、岩筒、岩枝状产出。其平面形态多表现为不规则的椭圆状—不规则状岩枝状，出露面积多在 $0.2 \sim 1 km^2$ 之间。区内出露的侵入岩主要为花岗斑岩、黑云母花岗斑岩及少量斜长花岗斑岩，多呈细脉状、条带状分布。钻探工程在深部发现了二长花岗斑岩、石英二长花岗斑岩等。依据矿石产出特点，陆日格斑岩钼铜矿的主要赋矿岩石为喜马拉雅期黑云母二长花岗斑岩、石英花岗斑岩及少量花岗闪长斑岩。由于岩浆的多次侵位，伴随着含矿热液的多次抬升，使斑岩体及靠近岩体的围岩受到多次矿化蚀变作用的叠加，从而在岩体接触带附近形成矿体。

(四) 矿体特征

1. 钼矿体特征

陆日格矿区内共圈出钼矿化带两条，以中部北西-南东向断裂为界，位于西侧的 MoⅠ矿带和东侧的 MoⅡ矿带共圈定钼矿体21条，其中6条矿体在地表有出露，15条为钻孔中见到的隐伏矿体。矿体多呈透镜状和条带状，大多北东向倾斜，钼矿体主要产于深部花岗斑岩中，其次产于地表蚀变玄武岩中，花岗斑岩中钼矿体主要呈细脉浸染状产出，规模较大，但品位低，具典型斑岩矿床特征（图2-11）。

MoⅡ矿体由 MoⅡ-1、MoⅡ-2 两条矿体组成，其中 MoⅡ-2 为主矿体，地表控制矿体长1135m，平均真厚度22.75m，呈条带状展布，产状 $60°\sim100°\angle34°\sim68°$，地表含矿岩性以硅化玄武岩、碎裂玄武岩为主，钼最高品位0.1%，平均品位0.038%，主要在24勘探线较为富集，辉钼矿化多呈细脉状、浸染状分布，伴生有黄铁矿化。在钻孔中均见到不同程度的辉钼矿化分布，含矿岩性除地表见到的硅化玄武岩外，多以硅化花岗斑岩为主，且在靠近斑岩体与玄武岩接触带附近，矿化最为富集。矿体平均厚度11.37m，钼最高品位0.3%，平均品位0.051%，证实矿体往深部具有延伸，且品位具有变富的趋势（图2-11）。

MoⅠ由 MoⅠ-1、MoⅠ-2、MoⅠ-3、MoⅠ-4 4条矿体组成，矿体长 $150\sim226m$，平均真厚度 $3.03\sim6.83m$，呈条带状分布，矿体产状 $10°\sim15°\angle51°\sim62°$，地表含矿岩性主要为碎裂岩化玄武岩、硅化玄武岩，辉钼多呈侵染状、细脉状分布。钼最高品位 $0.17\%\sim0.38\%$，平均品位 $0.038\%\sim0.116\%$，品位变化较大，说明局部出现有较为厚大或高品位矿石。矿体经钻探验证，深部矿体厚度1.6m，钼最高品位0.11%，证实矿体深部有延伸，但矿化强度及矿体厚度变小。

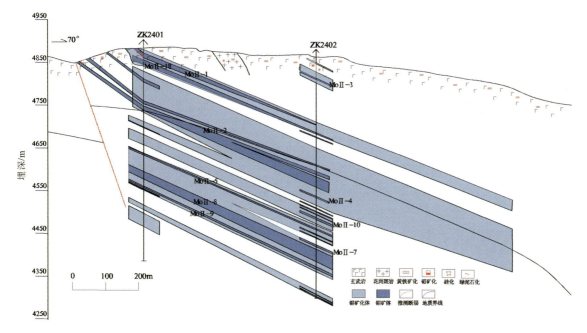

图 2-11　陆日格矿床 24 勘探线剖面图

(据青海省地质调查院,2015 修改)

2. 铜矿体特征

在陆日格矿区地表圈出铜矿体 3 条,呈脉状分布,矿体规模均较小,延伸 40～70m,厚度 2.9～4.5m,多为单槽控制。MⅠ矿体宽 2.9m,铜平均品位 0.45%,含矿岩石为花岗斑岩;MⅡ矿体厚度约 3m,铜平均品位 5.22%%,向深部金属矿物以辉铜矿形式出现,通过深部穿脉验证,在相应层位见到宽 1.5m 斑岩体,接触带部位铜含量 0.1%左右;MⅢ矿体厚 4.5m,铜平均品位 1.19%,含矿岩石为玄武岩。

钻孔深部验证圈定小规模铜矿体 2 条,厚度 1.7～3.2m,铜品位 0.176%～0.42%。赋矿岩性为硅化玄武岩。深部验证虽然铜矿化规模较小,但对总结区内矿化分带性具有较好的研究意义。

3. 铅锌矿体特征

铅锌矿体分布在钼矿体外围南东端,产于花岗斑岩脉与围岩的接触带上,地表圈定铅锌矿体 1 条,控制矿体长 220m,控制宽 1.0～3m,铅品位 0.56%～0.65%,锌品位 1.48%～2.90%。

(五)矿石成分及结构构造

陆日格斑岩铜钼矿含矿岩石主要为硅化玄武岩、硅化细粒花岗斑岩、黑云母花岗斑岩等;造岩矿物主要为石英、钾长石、斜长石等;矿石矿物主要为黄铁矿、辉钼矿、黄铜矿、黝铜矿、方铅矿、闪锌矿等。

矿石的自然类型为硫化物矿石,矿石的工业类型主要为钼矿石。矿物为半自形—自形片状结构及鳞片粒状结构,微—细脉状、稀疏浸染构造,这些特征表明矿床属典型的斑岩型铜钼矿床。

(六) 围岩蚀变特征

陆日格地区地表岩石蚀变较强烈,主要以硅化、碎裂岩化为主,次为绢云母化、碳酸盐化、角岩化等。深部斑岩体内具较强而普遍硅化—绢云母化,围岩具环绕斑岩体分布的面型青磐岩化及局部角岩化蚀变。垂向上从上到下为绿泥石化→硅化→绢云母化→高岭土化等,与铜辉钼矿化关系密切的主要为绿泥石化、硅化、绢云母化、高岭土化蚀变等,而钾化蚀变岩石中几乎不含辉钼矿。蚀变的强度、规模与钼品位的高低、矿体规模成正比。黄铁矿化贯穿于整个孔内,分布普遍。

(七) 矿石矿物的矿化期次

根据矿物生成顺序、金属硫化物组合以及相互之间的空间分布特征,将陆日格斑岩铜钼矿的矿化期次划分如下。

岩浆晚期:少量自形黄铁矿—黄铜矿—磁黄铁矿星散浸染状矿化阶段。

岩浆期后中高温热液:黄铜矿—黄铁矿—辉钼矿不规则共生在一起,呈细脉浸染状硫化阶段。

岩浆期后中低温热液:绢云母—石英—辉钼矿—黄铜矿—黄铁矿细脉状矿化阶段。

岩浆热液低温热液期:石英—黄铁矿脉。

表生期:孔雀石—铜蓝—蓝铜矿—铜硝石—褐铁矿次生富集阶段。

(八) 资源量

对陆日格矿区控制程度相对较高的 Mo I、Mo II 矿体进行了钼资源量估算。求得334钼矿石量 26 113 296.64 t,资源量 13 474.09 t,其中工业品位矿体 4 841.63 t,低品位钼矿体 8 632.46 t。钼平均品位 0.073%,最高品位 0.30%。

(九) 成矿条件分析

1. 岩浆侵位

陆日格喜马拉雅早期黑云母花岗斑岩、强硅化花岗斑岩中铜、钼矿化十分明显,以花岗斑岩、黑云母花岗斑岩为主的中酸性侵入岩带来了大量的含矿热液,斑岩体的 Cu、Pb、Mo 平均值分别为 185×10^{-6}、90×10^{-6} 和 13×10^{-6},分别超过克拉克值的 9 倍、4.5 倍和 13 倍,有利于 Cu、Pb、Mo 多金属矿产的形成,从而在有利构造部位富集成矿。同时在火山玄武岩与斑岩体的接触带及玄武岩中也形成了钼矿体,离岩体较远的灰岩接触带形成了铅锌矿体(哼赛青地区),在部分岩脉中形成了铜矿体。

2. 围岩

早—中二叠世开心岭群诺日巴尕日保组中基性火山岩是对成矿有利的围岩条件,区域上已知规模较大的斑岩型矿点(如纳日贡玛、玉龙等),青磐岩化矿化带大多产于二叠纪地层的中基性火山岩中。可能是由于这套火山岩岩性致密,形成"隔挡层",阻滞了矿质的逸散,并且这套地层的玄武岩中 Cu、Pb、Zn 丰度值较高,为矿(化)体的形成也提供了一定的物质来源。而围岩中裂隙发育,则宜于含矿热液在一定范围的空间内运移充填和交代蚀变,也利于矿质沉淀和富集。

3. 容矿条件

强烈发育的小型断裂-裂隙构造系统也是重要的成矿控制因素,它为热液和矿质活动、沉淀提供了有利的空间,为围岩蚀变和成矿作用提供了充分的发育条件。从钻孔揭露看,区内发育多组小裂隙,有共轭产出的,也有相互切割的,裂隙中均充填了石英、绢云母,并见有较多的辉钼矿沿裂隙分布。

(十)矿床类型

通过以上对陆日格铜钼矿床的研究分析,认为其属于斑岩型铜钼矿床,其主要依据有:①铜钼矿化体与花岗斑岩有直接关系,均产于黑云母花岗斑岩体内或者花岗斑岩与玄武岩接触带,且外围灰岩受区内中酸性岩浆热液影响形成小规模接触交代型铅锌矿;②花岗斑岩中矿化体沿矿物裂隙或石英脉分布明显,整体上呈稀疏或细脉浸染状构造;③具有斑岩型矿床热液蚀变特征,热液蚀变垂向分带明显,从下到上依次有高岭土绢云母化、绢云母化、硅化、绿泥石化,蚀变带虽没有呈中心圆状产出,但蚀变顺序从岩体中心到外围与典型的斑岩型矿床的蚀变分带相似,导致蚀变分带呈水平分布,估计受后期构造破坏所影响;④矿床花岗斑岩具有钾质花岗岩的特点,属过铝质高钾钙碱性—钾玄岩系列。

(十一)成矿机制及成矿模式

1. 成岩、成矿时代

郝金华等(2013)对陆日格地区花岗斑岩开展了同位素测年工作,测试斑岩样品采于陆日格矿区内 ZK801 孔深 266m 处的黑云母二长花岗斑岩和 ZK2401 孔深 251m 的浅色细粒石英花岗斑岩,锆石 U-Pb LA-ICP-MS 测试在中国地质大学(北京)激光等离子体质谱实验室完成。黑云母二长花岗斑岩样品(ZK801~26)锆石样品 $^{206}Pb/^{238}U$ 加权平均年龄为 $(62.1±0.4)Ma(MSWD=1.3)$。浅色细粒石英花岗斑岩(ZK2401~251)共测试 31 个点,给出的 $^{206}Pb/^{238}U$ 加权平均年龄为 $(61.7±0.3)Ma(MSWD=0.61)$。另外,陆日格斑岩矿床辉钼矿 Re-Os 定年,辉钼矿加权平均年龄为 $(60.7±1.5)Ma(MSWD=8.1)$。锆石 U-Pb 同位素年龄与辉钼矿的 Re-Os 年龄非常吻合,所获年龄准确厘定了陆日格矿床的岩浆活动与矿化时限为早古新世。

2. 形成机制

青藏高原碰撞造山带初始阶段,陆日格地区受壳源岩浆活动和同碰撞影响,地表二叠系诺日巴尕日保组产生断裂及次生断裂,局部发生了破碎,形成了裂隙,岩浆热液顺裂隙、破碎带等侵入到火山岩中,在地表形成呈脉状分布的斑岩脉体。侵入晚期由于温度、压力等改变,岩体体积发生收缩,在斑岩体顶部形成了一定的空间,为矿物质的运移、沉积提供了场所。同时在汽水热液的作用下,斑岩体中的铜、钼等成矿流体向上运移,部分 Cu 元素在后期富集,在地表岩体中形成铜矿体(如陆日格地表斑岩体中圈定的铜矿体);同时在岩体与围岩接触带附近,斑岩体中的 Mo 离子,在成矿流体的作用下,向接触带附近发生位移,并在斑岩体与玄武岩的接触带部位发生混匀、拥挤,形成了金属硫化物高富集区,Mo 离子沉积在温度相对较高的斑岩体上部,部分拥挤混匀从接触带进入玄武岩,在后期作用下发生次生富集,在斑岩体及接触带附近形成辉钼矿体。外围哼赛青地区,后期含矿热液沿构造裂隙侵入到石炭系灰岩中,在接触带附近发生热液交代作用,使岩体中的 Pb、Zn 等元素局部富集,并交代形成铅锌多金属矿体。

总体来看,陆日格—哼赛青地区已发现的矿(化)体,多赋存在斑岩体及斑岩体与围岩的接触带附近。岩体中心多以钼矿化为主,岩体接触带在火山岩中多以铜为主,在碳酸盐岩中多以铅锌为主。陆日格、哼赛青应属同一斑岩体成矿系列。据此,我们认为陆日格矿床为斑岩型、哼赛青矿点为斑岩—热液叠加型。

3. 成矿模式

综合上述地质、矿体特征、成矿条件、形成机制等方面内容,建立了成矿模式(图 2-12)。

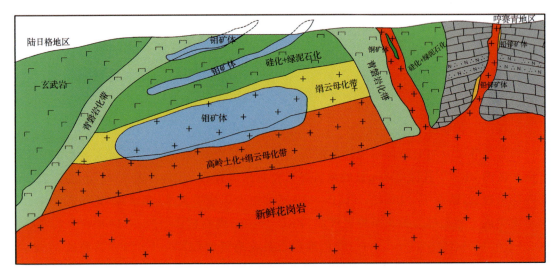

图 2-12 陆日格矿床成矿模式图

(据青海省地质调查院,2015 修改)

(十二)找矿模式

根据陆日格铜钼矿床特征,总结找矿模型如下。

构造环境:开心岭-杂多陆缘弧带。

含矿地层:早—中二叠统诺日巴尕日保组中基性碎屑玄武岩蚀变带,早石炭世杂多群碎屑灰岩接触交代蚀变带。

控矿构造:矿区中部的北西-南东向断裂是区内重要的控矿构造。

蚀变标志:具黄铁矿化、高岭土化、绢云母化、硅化、绿泥石化、碎裂岩化;褐铁矿化在岩石表面形成的"火烧皮"现象。

成矿岩体:喜马拉雅期黑云母花岗斑岩、硅化花岗斑岩。

成矿构造:强烈发育的小型断裂-裂隙构造系统是重要的容矿构造。

地球物理:斑岩体中极化率高值异常主要由岩体中的多金属矿化引起;地磁负异常区是寻找花岗斑岩的有利区段,电法的低阻高激化异常主要由硫化物矿化引起。

矿化:Cu、Mo、Pb、Zn 矿化。

三、打古贡卡斑岩型铜钼矿床

(一)概况

矿区位于青海省南部,唐古拉山脉东段,怒江、澜沧江、金沙江源头,属青海省玉树藏族自治州杂多县扎青乡管辖。矿区(本次勘查工作部署范围)地理坐标:E94°38′00″~94°48′30″,N33°30′00″~33°36′00″,面积约 60km²,矿区交通不便。

1968 年青海省地质局物探队在扎青地区进行了 1∶10 万水系沉积物测量,其中 HJS7 异常涉及打古贡卡地区。20 世纪六七十年代直到 21 世纪初,矿产工作基本都在纳日贡玛地区开展,一直未涉及打古贡卡矿区,后期随着领区纳日贡玛矿床的发现,通过区域上对比,开始对外围打古贡卡斑岩体引起重视,并逐步开展相关勘查工作。2004—2005 年青海省地质调查院开展的 1∶5 万水系沉积物测量中,在打古贡卡地区圈定 AS03、AS04、AS05 3 个异常。2006 年对打古贡卡地区 AS03、AS04、AS05 异常区开展异常查证并大致查明了异常源。2007—2012 年玉树州江霖有限责任公司委托青海省地质调查院开展商业性矿产勘查,并在 AS04、AS05 异常区深部发现了一定的铜铅锌及钼矿化体。其中 2010—2011 年由于受外部环境干扰,区内未进行地质工作。

(二)区域地质特征

本区构造单元为开心岭-杂多中二叠世陆缘弧带(Ⅲ-2-6),成矿带属纳日贡玛-囊谦 Pb-Zn-Mo-Cu-Ag-Fe-硫铁矿-盐类成矿亚带(Ⅳ-36-3)。区域地层以古生界—中生界为主,区域构造线展布方向为北西-南东向,北西向、北东向、东西向 3 组构造带的交会部位,位于澜沧江深断裂北西端弧形转折部位,自晚古生界至新生界均有强烈的地壳运动,断裂构造和褶皱构造发育,构造十分复杂。区内岩浆活动强烈,火山岩、侵入岩分布广泛,其展布受区域构造的控制。由于该矿床与纳日贡玛钼铜矿床相邻,其区域地质特征完全一致。

(三)矿区地质特征

1. 地层

区内出露地层主要以早—中二叠世诺日巴尕日保组为主,其次为石炭系上石炭统加麦弄群碎屑岩组和第四系。其中早—中二叠世诺日巴尕日保组中的火山碎屑岩段和中基性火山岩段为区内含矿岩性段(图2-13)。

2. 构造

区内断裂构造相当发育,按其展布方向可分为北西西向、北东向、近南北向3组断裂。北西西向断裂为区内主干断裂,为岩浆侵入、运移提供了活动空间,控制了斑岩体的分布范围及矿产分布。区内裂隙构造发育玄武岩中,可能与区域断裂或岩浆活动有关。

3. 岩浆岩

区内岩浆岩较发育,侵入岩以燕山期闪长玢岩类和印支期花岗岩类为主,呈岩株产出,中酸性脉岩亦较发育。其中印支期侵入岩主要为花岗斑岩类,与成矿的关系较密切,岩体分布的范围基本控制矿体产出范围。区内圈定9个磁异常,负磁异常显示了隐伏斑岩体的存在,具有较大的找矿空间。

(四)矿体特征

矿区地表共圈出9条矿化带,控制矿体21条,均赋存于花岗斑岩体或花岗斑岩与玄武岩接触带,矿体多呈细脉状分布,与硅化密切有关。其中MⅡ-1为区内主矿体,MⅡ-1铜矿体长度1700m,厚度3.61～31.08m,控制斜深200m,Cu最高品位0.40%,平均品位0.26%;MⅡ-1铅锌矿体长度1230m,厚度3.98～22.27m,控制斜深200m,Pb最高品位1.29%,平均品位0.37%,Zn最高品位1.97%,平均品位0.7%。MⅡ-2也有一定的规模,MⅡ-2铅矿体长度410m,平均厚度5.78m,Pb最高品位0.4%,Pb平均品位0.4%;MⅡ-2锌矿体长度100m,平均厚度18.47m,Zn最高品位1.06%,Zn平均品位0.64%;MⅡ-2铜矿体长度100m,平均厚度2.46m,Cu最高品位0.27%,Cu平均品位0.24%。其余矿体大多为盲矿体,见于ZK001、ZK801、ZK806,其中ZK801孔中的铜钼矿体具一定规模,平均厚度5～10m,Mo平均品位0.03%,Cu平均品位0.26%;另在ZK806孔中圈定了2层金矿化体,厚度14.0～15.0m,品位$(0.1～1.44)×10^{-6}$。矿区内矿化自上而下具明显的Pb、Zn-Cu-Cu、Mo-Mo垂直分带规律,矿化分带性明显,上部以铅锌矿化为主,下部以铜矿化为主。斑岩中发现金银矿化,明显不同于纳日贡玛等其他地区,表明区内的斑岩中存在铜钼铅锌(金银)多金属矿产,这一发现为今后在矿区内贵金属找矿提供了一定的指导(图2-14)。

第二章 主要矿床特征

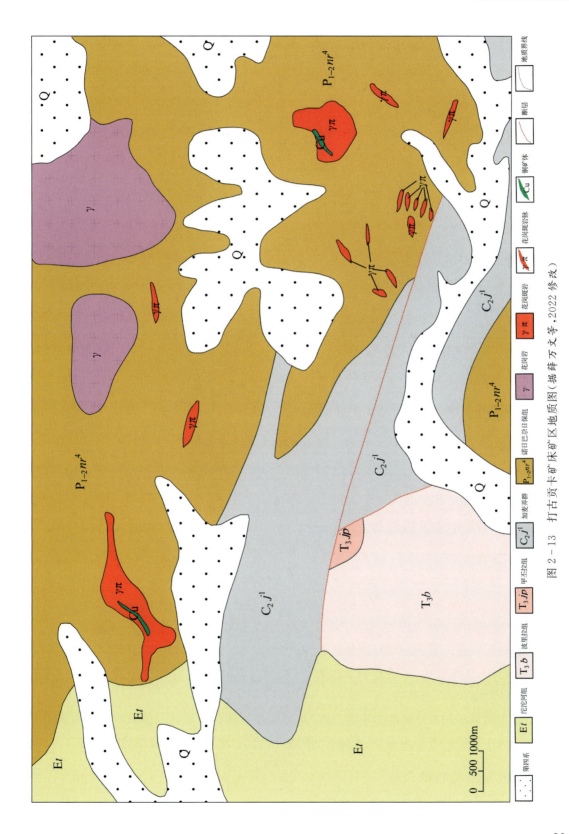

图 2-13 打古贡卡矿床矿区地质图（据薛万文等，2022 修改）

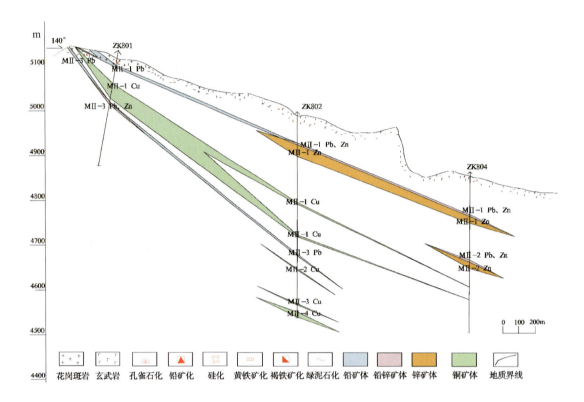

图 2-14　打古贡卡矿床 8 勘探线剖面图

(据青海省地质调查院,2022 修改)

(五)矿石成分及结构构造

区内矿石均产于斑岩体中,局部产于灰岩中,其类型以黄铜矿矿石、方铅矿矿石、闪锌矿矿石为主。黄铜矿矿石中矿石矿物为黄铜矿,局部偶含方铅矿、闪锌矿,伴有磁铁矿、赤铁矿、褐铁矿等,尚含少量辉铜矿、蓝辉铜矿、铜蓝、孔雀石等;脉石矿物为斜长石、角闪石、石英等。方铅矿矿石中矿石矿物为方铅矿,局部含闪锌矿,伴有磁铁矿、赤铁矿、褐铁矿等;其脉石矿物为斜长石、角闪石、石英等,含矿岩石为灰岩者,其脉石矿物为方解石等。闪锌矿矿石多产于斑岩体石英细脉中,矿石矿物为闪锌矿,局部含方铅矿,伴有黄铁矿、褐铁矿等;脉石矿物为斜长石、角闪石、石英等。

黄铁矿、黄铜矿均有呈稀疏侵染状、微—细脉状及呈侵染状和微—细脉状产于石英脉中的等 3 种,其中以后两者为最重要;方铅矿、闪锌矿均呈不均匀浸染状及细脉状产出。

(六)围岩蚀变特征

打古贡卡地区地表岩石蚀变较强烈,主要以硅化、黄铁矿化、褐铁矿、孔雀石化、碎裂岩化为主,次为绢云母化、绿泥石化等。深部斑岩体内具较强而普遍的硅化—绢云母化,偶见钾化蚀变,围岩具环绕斑岩体分布的面型青磐岩化蚀变。垂向从上到下为青磐岩化→硅化→绢云母化等,与铜矿、辉钼矿、铅锌矿关系密切的主要为硅化、绢云母化蚀变等,青磐岩化蚀变岩石中也可见铜矿、铅矿等。蚀变的强度、规模与矿化品位的高低、矿体规模成正比。黄铁矿化贯穿于整个孔内,分布普遍。

(七)资源量

通过资源量估算,目前共求得334铜铅锌资源量$8.19×10^4$t,其中铜资源量$2.03×10^4$t、平均品位0.27%,铅资源量$2.77×10^4$t、平均品位0.64%,锌资源量$3.39×10^4$t、平均品位0.72%,银资源量68.91t、平均品位$70.81×10^{-6}$,钼资源量278.88t、平均品位0.032%,伴生金资源量319.21kg、平均品位$0.48×10^{-6}$。

(八)成矿条件分析

1. 岩浆侵位

矿区内发育印支期花岗斑岩,岩性主要为黑云母花岗斑岩、硅化花岗斑岩,斑岩与区内成矿关系密切,据打古贡卡地区1:5000岩石地化剖面统计,斑岩体中Cu平均含量达$63.13×10^{-6}$,Pb平均含量达$73.43×10^{-6}$,Zn平均含量达$158.76×10^{-6}$,Ag平均含量达$470.91×10^{-9}$,As平均含量达$29.26×10^{-6}$,Sb平均含量达$0.72×10^{-6}$,分别超过克拉克值1.3倍、4.6倍、1.9倍、6.7倍、17.2倍、1.44倍。从以上数据可以看出,岩浆岩在成矿过程中的作用非常重要,经对比,区内斑岩体中硅化越强其矿化含量越高,所以区内花岗斑岩为成矿母岩。

2. 围岩

据打古贡卡地区1:5000岩石地化剖面统计,矿区内二叠系诺日巴尔日保组玄武岩中的Au、As、Sb、Ag、Cu、Pb、Zn、Mo元素表现为高的背景值,Au平均含量$9.25×10^{-9}$,超出克拉克值的2.7倍,As平均含量$15.33×10^{-6}$,超出克拉克值的9.0倍,Sb平均含量$1.28×10^{-6}$,超出克拉克值的2.6倍,Ag平均含量$404.73×10^{-6}$,超出克拉克值的5.8倍,Cu平均含量$94.51×10^{-6}$,超出克拉克值的2.0倍,Pb平均含量$95.62×10^{-6}$,超出克拉克值的6.0倍,Zn平均含量$221.66×10^{-6}$,超出克拉克值的2.7倍,Mo平均含量$1.2×10^{-6}$,超出克拉克值的1.1倍,可见中基性火山岩中的玄武岩是成矿有利的围岩条件,并为矿区矿化体提供了一定的物质基础。

3. 容矿条件

区内断裂构造相当发育,可分为北东向、北西西向、近东西向及近南北向4组断裂,北北西向是岩浆运移的主要通道,控制了斑岩体的分布范围。受主构造影响区内小型断裂和裂隙构造较发育,是矿体形成的主要容矿空间。

(九)矿床类型

通过以上对打古贡卡铜钼矿床研究分析,认为其属于斑岩型铜钼矿床,其主要依据有:①铜钼铅锌矿化体与花岗斑岩有直接关系,均产于硅化斑岩体内或者花岗斑岩与玄武岩接触带,矿化体自上而下具明显的 Pb、Zn-Cu-Cu、Mo-Mo 的垂直分带规律;②花岗斑岩中矿化体沿矿物裂隙或石英脉分布明显,整体上呈细脉或稀疏侵染状构造;③具有斑岩型矿床热液蚀变特征,热液蚀变从岩体中心向上依次有绢云母化,青磐岩化,蚀变顺序从岩体中心到外围与典型的斑岩型矿床的蚀变分带相似;④矿床花岗斑岩属质高钾钙碱性岩系列,为岛弧俯冲构造环境形成。

(十)成矿机制及成矿模式

1. 成岩时代

薛万文(2020)在打古贡卡矿区对与成矿有关的花岗斑岩体用锆石激光探针等离子体质谱法进行了同位素年龄测定,完成锆石 LA-MC-ICP-MS 测点 22 个,测得 22 颗锆石的 $^{206}Pb/^{238}U$ 表面年龄加权平均值为(240.1±0.89)Ma(MSWD=2.3),为中三叠世,代表花岗斑岩的侵入年龄。杨延兴等(2010)在南侧阿多地区花岗岩获得 U-Pb 锆石年龄值为(247±1)Ma,再次证明该时期的构造岩浆活动存在。所以打古贡卡的花岗斑岩不同于纳日贡玛、陆日格等由印-亚大陆碰撞造山形成的花岗斑岩,它代表着印支期古特提斯洋陆弧体系下形成的花岗斑岩,标志着该地区的另一起成矿事件,也说明区域上西南三江成矿带内印支期斑岩型矿床系列可延伸至青海三江成矿带。

2. 矿床成矿机理与成因

根据打古贡卡地区含矿斑岩体形成环境,认为主要产于岛弧俯冲环境相关的斑岩矿床,在成矿物质来源上反映岩浆从上地幔侵入过程中受地壳熔融物质混染,所以含矿斑岩整体上表现为弱过铝质到强过铝质高钾钙碱性特征。斑岩体经锆石 LA-MC-ICP-MS 测点,推测形成时期为中三叠世印支期。

结合矿区背景,即三叠纪期间由金沙江洋壳向南侧的北羌塘陆块俯冲过程中引起的岩浆热液沿着乌丽-囊谦大断裂侵位至打古贡卡地区,岩浆热液顺着配套的次级断裂导岩运移,岩浆热液选择打古贡卡地区内的构造交会部位储集,并伴随着岩浆热液温度、挥发分、溶液盐度等物化条件的变化,同时大气降水的加入,开始发生热液蚀变,离岩体中心较近的部位在岩浆气液和大气水的综合作用下发生绢云母化蚀变,并伴随着大量硫化物的析出,此时由于重力扩散和压强梯度共同发挥作用,Cu、Mo、Pb、Zn 等离子向顶部分层富集集中,最终在冷凝过程中形成 Cu、Mo、Pb、Zn 矿化体;其余岩浆热液沿着构造通道继续向裂隙特别发育的围岩聚集,此时岩浆热液温度、溶液盐度等物化条件再次发生变化,围岩在岩浆热液的作用下发生青磐岩化蚀变,蚀变过程中萃取围岩中的矿化,同时在岩浆热液有益组分的基础上,围岩的接触带中富集 Cu、Pb 矿化体。斑岩体的内外接触带以及各种裂隙是主要矿体的产出部位,控制着含矿斑岩体和矿床的空间定位。

3. 成矿模式

综合上述地质、矿体特征、成矿条件、形成机制等方面内容,建立了成矿模式(图 2-15)。

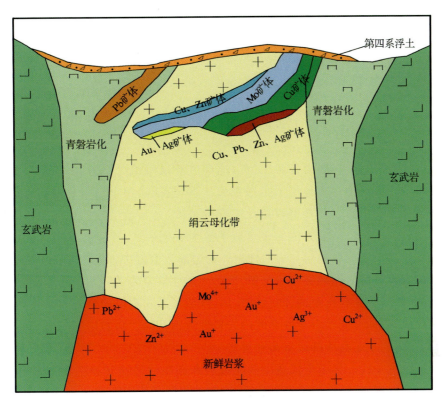

图 2-15　打古贡卡矿床成矿模式图

(据青海省地质调查院,2009修改)

(十一)找矿模式

根据打古贡卡铜钼铅锌矿床特征,总结找矿模型如下。

构造环境:开心岭-杂多陆缘弧带。

含矿地层:早—中二叠世诺日巴尕日保组中基性碎屑玄武岩蚀变带。

控矿构造:矿区内北西西向断裂是区内重要的控矿构造。

蚀变标志:具黄铁矿化、绢云母化、硅化、绿泥石化、孔雀石化。

成矿岩体:印支期硅化花岗斑岩。

成矿构造:强烈发育的小型断裂-裂隙构造系统是重要的容矿构造。

地球物理:较高的激电异常指示了金属硫化矿的富集。

矿化:Cu、Mo、Pb、Zn 矿化。

第三节 其他矿床(点)特征

在纳日贡玛-陆日格矿集区中除以上3个典型矿床外,还有其他矿床(点)14处(表2-3),矿种以Cu、Mo、Pb、Zn有色金属矿产为主,分布比较广泛,是本区的优势矿种,也是评价的主要对象。贵金属中银矿分布最多,多与有色金属矿产相伴(共)生,其次金矿也以伴生形式产于有色金属矿产中,到目前为止未见独立岩金矿或银矿。

一、其他矿床(点)产出地质背景

从表2-3中可知,矿集区内各矿床(点)地层主要以海相沉积为主,其组分大多为碎屑岩,其次为碳酸盐岩;火山岩在地层中也占很大比重,包括陆相火山岩和海相火山岩。区内早石炭世碳酸盐主要出露在陆日格以东及哼赛青地区,这套地层古地理环境以陆内盆地为主。其中以这套碳酸盐岩组合为围岩多形成了矽卡岩型矿产,哼赛青铜铅锌矿点及乌葱察别铜多金属矿点均产于该套地层与中酸性岩体的边部矽卡岩中。区内早—中二叠世诺日巴尕日保组火山岩为一套活动陆缘环境沉积,以中—基性熔岩为主并发育火山碎屑岩,是成矿有利的围岩条件,对成矿有次要的、间接的作用,区域上已知重要的斑岩型矿化点,大多产于这套中基性火山岩中,可能是由于这套火山岩岩性致密,形成"隔挡层",阻滞了矿质的逸散,而发育的裂隙,则利于矿物质持续沉淀和富集。

区内经历晚古生代—早中生代造山演化过程和新生代碰撞转换造山的复合叠加过程,受两期造山事件的影响,区内岩浆活动较强,而酸性岩浆侵入主要集中在印支晚期—喜马拉雅期,多位于北部的纳日贡玛、色的日、陆日格、哼赛青地区周围,即为色的日、纳日贡玛、陆日格、哼赛青等岩体,其中纳日贡玛、陆日格岩体元素背景值在前文已叙述,本节中对色的日和哼赛青岩体的元素背景进行分析,色的日岩体Cu含量平均值$160×10^{-6}$,Pb含量平均值$38×10^{-6}$,Mo含量平均值$38×10^{-6}$,分别为同类岩石克拉克值的8倍、1.9倍和40倍;哼赛青岩体中Cu含量平均值$90×10^{-6}$,Mo含量平均值$9.5×10^{-6}$,分别为同类岩石克拉克值的4.5倍、10倍,在其斑岩体附近常见沿节理裂隙、构造破碎带充填的以铜、钼为主,次为铅、锌矿化的酸性岩脉,和以铅、锌为主,次为铜矿化的石英脉,表明该地区地下深处矿源物质丰富及矿化与岩浆活动的联系。

矿集区内在新生代大陆碰撞—转换阶段发育大规模走滑断裂系统、逆冲推覆构造系统以及大规模的岩浆岩活动,导致区内断裂构造十分发育,按其性质大部分为挤压逆冲,以挤压走滑为主,张性断裂、张扭性断裂较少,反映测区主应力以挤压为主的特点。各断裂彼此交错切割,共同构成区内基本构造轮廓,其中北西西向断裂为区内的主干断裂,最为发育,控制了区内沉积建造、岩浆活动、后期的变质改造以及矿产分布。

本区变质岩除新生代地层外,其余岩石地层均经历了不同程度的变质作用叠加改造,主

表 2-3 纳日贡玛-囊谦矿集区矿产一览表

编号	矿（化）点名称	地质概况	矿化特征	成因类型
1	众根涌铜矿点	矿点产于早-中二叠世诺日巴尕日保组碳酸盐岩段与色日岩体的接触带上，接触带上的石榴石矽卡岩及石榴石透辉石矽卡岩是主要含矿岩。北东向压扭性断裂及北北东向张扭性断裂构造较发育	初步圈定5条具一定规模的铜矿（化）体，产于接触带矽卡岩中及蚀变斜长花岗斑岩中。成矿类型以矽卡岩型为主，具有斑岩型、热液型矽卡岩化特征。矿石矿物主要为黄铜矿，次为黄铁矿、闪锌矿、方铅矿、辉钼矿、赤铁矿等。长100～1000m，宽2～27m。Cu品位$(0.28 \sim 17.6) \times 10^{-2}$，最高$17.6 \times 10^{-2}$	矽卡岩型
2	乌葱察别多金属矿化点	矿体产于早-中二叠世诺日巴尕日保组碳酸盐岩段的大理岩、灰岩与色日岩体南缘的花岗岩岩体接触带上。接触带上矽卡化蚀变强	初步圈定多金属矿（化）体5条。矿体均属矽卡岩、热液型。矿体形态呈不规则脉状、囊状及团块状，矿体向两侧延伸很局限。大多在3～13m之间，最长28.77m，最厚228m，平均厚40～200m不等。矿体矿石品位Cu集中在$(0.2 \sim 1.2) \times 10^{-2}$之间，平均$0.7 \times 10^{-2}$。Zn集中在$(1.2 \sim 3.5) \times 10^{-2}$之间，最高$32.48 \times 10^{-2}$。Pb品位集中在$(0.5 \sim 1.3) \times 10^{-2}$之间，最高$23.72 \times 10^{-2}$。Ag品位集中在$(40 \sim 80) \times 10^{-6}$之间	矽卡岩型
3	日啊龙日啊群	出露地层为早-中二叠世诺日巴尕日保组灰紫色细砂岩、粉砂岩、灰紫色碎屑岩段蚀变安山岩	由于地表碎石流覆盖，加之积雪厚，矿化类型主要为孔雀石、黄铜矿、黄铁矿、栋块化学样分析结果为Cu 1.46%，Zn 0.028%，Pb 0.005%	热液型
4	独龙能铜矿点	矿点赋存于早-中二叠世诺日巴尕日保组灰色砂岩，以后含矿性较好。围岩蚀变不明显，见微弱高岭土化和硅化	矿石矿物为黄铜矿、孔雀石、黄铜矿呈细脉浸染状或侵染状，矿化很不均匀。本点附近的凝灰质砂岩中水有含黄铜矿、石英碳酸盐细脉。局部见含铜砂岩、光谱分析Cu品位大于1×10^{-2}	热液型

89

续表 2-3

编号	矿(化)点名称	地质概况	矿化特征	成因类型
5	哞青铅锌矿点	赋矿岩性为花岗岩斑岩,斑岩体围具高岭土化,绢云母化蚀变。围岩为早石炭世杂多群碎屑岩组灰紫色、黄褐色火山碎屑岩,凝灰质砂岩,粉砂岩	地表斑岩体内槽探圈定铅锌矿体2条,M2铅锌矿体、M3宽2.0m,长约100m,铅品位1.63%,银品位$146×10^{-6}$,锌品位2.48%,银品位$52.5×10^{-6}$,铅品位1.33%,金属矿物有黄铁矿、褐铁矿、方铅矿、闪锌矿等,多呈浸染状沿岩石碎裂面产出	热液-斑岩叠加型
6	哞寨群	附近地层为晚三叠世甲丕拉组青灰色长石砂岩与石炭纪的碳酸盐岩组,发育一小型局部断裂,岩层强烈破碎,矿化体沿岩石破碎带分布	矿化主要沿岩石碎裂面产出,规模较小。可见孔雀石、黄铜矿及黄铁矿,拣块样分析结果为Cu 0.34%,Zn 0.02%,Pb 0.016%	构造蚀变型
7	红沟多金属矿化点	矿体产于花岗细晶岩脉与早—中三叠世诺日巴尕日保组碳酸盐岩段大理岩的接触带上	矿体长30多米,宽1.3~5m,Cu最高品位1.42%,Pb最高品位25.05%,平均17.20%;Zn最高19.73%,平均13.36%,Ag最高$647×10^{-6}$,平均$464×10^{-6}$。主要矿石矿物为黄铜矿、方铅矿、闪锌矿及孔雀、铜蓝等矿化	矽卡岩型
8	布当曲煤矿点	矿点出露于晚三叠世巴贡组中夹煤层的大理岩,页岩互层中,轴向北西的复式背斜	层状,少数为鸡窝状或串珠状,一般厚0.5~1.5m	沉积型
9	穷日羊铜钼矿化点	矿化点位于色干的日黑云母花岗岩与中二叠世诺日巴尕日保组碳酸盐岩段的大理岩,灰岩接触带上,岩层中砂卡岩化,绢云母化,硅化等蚀变强	地表出露宽6m,长50m左右,矿化主要产在透辉石、石榴石砂卡岩中,金属矿物有孔雀石、蓝铜矿、黄铜矿,另见少量黄铁矿、辉钼矿等。点上拣块样分析结果为:Cu 3.48%,Mo 0.03%,Zn 0.080%,Ag 62g/t	矽卡岩型

主要矿床特征 第二章

续表 2-3

编号	矿（化）点名称	地质概况	矿化特征	成因类型
10	日阿宝色龙	矿化产于早—中二叠世诺日巴尕日保组岩层中，赋矿岩性为青灰色硅化灰岩，岩层中硅化强，局部见硅质岩，局部见细小石英脉	2006年矿产检查：硅化灰岩中可见孔雀石化，可见少量黄铜矿和黄铁矿化，脉状矿化，宽4.5m，产状270°∠50°。推断矿化与后期热液活动有关。2005年拣块化学样分析结果为Cu 5.20%，Au 0.11g/t，Zn 0.016%	热液型
11	叶霞乌寨	矿体主要产于早—中二叠世诺日巴尕日保组浅灰色凝灰质砂岩，赋矿岩性复杂，局部见硅质岩。岩层中细小石英脉发育	该矿点由4～5条矿化体组成，地表宽2～5m，长20～100m。其中1条主要为铅锌矿、黄铁矿及褐铁矿化，其他几条金属矿物多呈稀疏浸染状分布，褐铁矿化、金属矿物多呈小团块状，在岩石裂隙面上局部富集呈脉状。拣块化学分析结果：Cu 0.22～1.58%，Pb 8.75%，Zn 6.15%，Ag 946g/t，Au 0.94～1.62g/t	热液型-沉积型
12	常同拉	附近地层为早—中二叠世诺日巴尕日保组浅灰色长石砂岩，发育一小型局部断裂，岩层强烈破碎	矿化主要沿岩石裂面产出，规模较小。可见孔雀石、拣块样分析结果为Cu 0.79%	构造蚀变型
13	块切弄沟脑铜矿点	出露地层为早—中二叠世九十道班组诺日巴尕日保组及中二叠世九十道班组，两者多呈整合接触，局部呈断层接触	铜矿化在诺日巴尕日保组九十道班组中均有发现，主要赋存在断层破碎带及次级裂隙中，赋矿岩石为硅化灰岩及石英脉。在破碎裂隙面见褐铁矿化、孔雀石化、铜蓝矿化，新鲜面见星点状铜矿化。在石英脉中主要表现为星点状黄铜矿化及孔雀石化	热液型
14	特龙寨铜矿点	矿体产于晚二叠世特龙寨火山岩紫色安山玄武岩中，该套岩石中节理裂隙发育，见后期方解石、石英脉，矿化地段岩石硅化强，局部小断裂分布，岩石硅化及玄武岩安山玄武岩化	该矿点在地表形成一条铜矿化蚀变带，走向140°～320°，宽1～3m，2007年样品控制长度约1000m，地表较为连续。金属矿物主要为孔雀石、蓝铜矿、黄铁矿、黄铜矿，4件拣块样铜含量分别为0.47×10⁻²、0.82×10⁻²、0.71×10⁻²、0.38×10⁻²。2008年经1：1万地质草测及探槽工程揭露，初步圈定8条矿体	构造热液型

要以区域变质作用为主,其次为接触变质作用及动力变质作用。区域低温动力变质作用和区域埋深变质作用形成的浅变质岩出露广泛,构成区内变质岩的主体。动力变质岩、接触变质岩沿断层、岩体附近分布。

二、其他矿床(点)成因类型

两次构造-岩浆事件均有较好的成矿事实,但成矿系列主要是以喜马拉雅期岩浆侵入所形成的斑岩型系列矿产为代表,喜马拉雅早期沿主要断裂带的岩浆侵入为形成斑岩型成矿系列提供了岩浆条件,其表现除纳日贡玛类型的斑岩型铜钼矿床、矿(化)点外,还有矽卡岩型、热液型铜多金属矿(床)点,元素组合以中低温为主,矿化多产于岩体与围岩接触带,以外接触带为主,围岩主要为三叠纪杂多群和中二叠世九十道班组碳酸盐岩,后期岩体侵入产生变质接触交代形成矽卡岩型矿产,如哼赛青、叶霞乌赛等矿点。另外色的日岩体接触带也形成了较多的热液脉型和矽卡岩型矿化线索,如众根涌、乌葱察别多金属矿点,它与纳日贡玛、陆日格不是同一成矿系统,但成矿类型及矿化形式与斑岩体外围基本一致。

本区成矿类型为与中酸性岩浆侵位有关的铜多金属矿产,可划分为单一型、耦合型、叠加型和复合型,具体可分为斑岩型、热液脉型、矽卡岩型3类。

第三章 成矿规律

第一节 成矿条件

一、地层条件

本区属西藏-三江地层大区北部的三江地层区。大部分面积位于昌都-兰坪地层分区，西南部跨入开心岭—杂多地层分区。地层时代主要为石炭纪及其以后的地层，缺失石炭纪以前的沉积。其中以石炭系、二叠系和三叠系最为发育。由老到新为早石炭世杂多群、中—中二叠世开心岭群、早三叠世马拉松多组、晚三叠世结扎群、中侏罗世雁石坪群。

地层含矿性：一是主要通过分析地层中元素含量的多少，元素地球化学研究早已证明，元素的富集系数越大其形成矿床的可能性就越大；二是地层的含矿性，即地层中已有的成矿事实的个数是多少，地层中虽然相关成矿元素富集，但要形成矿床还需要许多其他的条件。因此，判断一个地层的含矿性的好坏，不光要研究其成矿元素的富集系数同时也应该研究地层中成矿的事实。

(一)地层元素含量分析

该区北东片区利用青海纳日贡玛—拉美曲地区矿产远景调查报告中提供的地层元素含量数据，统计了 Cu、Pb、Zn、Mo、Ag 元素的含量(图 3-1)，从图 3-1 中可以看出早石炭世—晚三叠世呈现出地层元素含量减少的趋势，但在二叠纪又出现一个小分值，其原因可能是早期的地层为成矿提供了成矿物质。

(二)地层的含矿性分析

如图 3-2 所示，含矿点数占总数比例最高的地层为早—中二叠世开心岭群诺日巴尕日保组，其次为早石炭世杂多群碎屑岩组。区内多数地层含矿，而各个地层的含矿数量虽有差异，但总体上差异不大，说明了本区内成矿的多期性。由于各地层岩性存在很大差异，沉积环境的不同，因此可以认定该区成矿作用存在多样性。

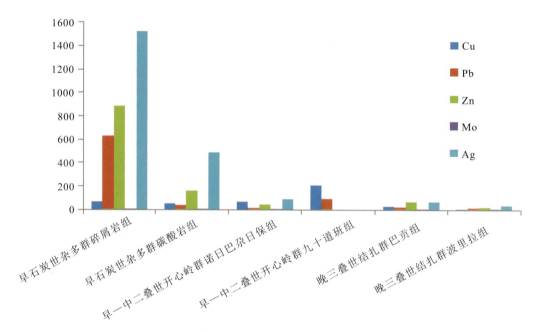

图3-1 不同时代地层中 Cu、Pb、Zn、Mo、Ag 元素含量统计图

注：Cu、Pb、Zn、Mo 含量单位为 10^{-6}，Ag 含量单位为 10^{-9}。

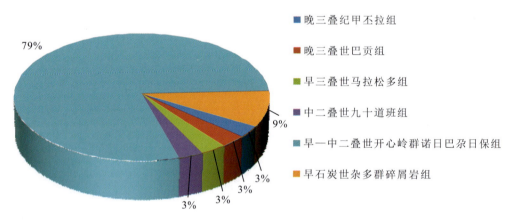

图3-2 不同时代地层中含矿点数占比统计图

(三)成矿地层条件

从上述分析中可以得出，本区主要有利的赋矿地层为早—中二叠世开心岭群诺日巴尕日保组，其次为早石炭世杂多群碎屑岩组。区域上 79% 的矿床(点)产出于早—中二叠世开心岭群诺日巴尕日保组中，这些有利成矿地层近北西向广泛分布，总体上沿北西向的断裂分布，结合已有的纳日贡玛铜钼矿床、打古贡卡铜多金属矿床、陆日格铜钼矿床等成型矿床(点)沿北西向主断裂分布，主要发育在北西向断裂的次级断裂附近。说明地层中萃取的成矿物质也大多通过次级断裂进行运移，并在相对平静的区域进行沉淀成矿，为此成矿有利地层中北东向断裂旁侧的构造活动相对平静的区域是成矿的有利部位。

二、构造条件

本次利用纳日贡玛地区铜钼矿整装勘查资料中的断裂数据对其走向进行了统计（图3-3），结果表明北西西向断裂最为发育，为本区的主要断裂，其次为北东向断裂，两组断裂显示出区域三叉裂谷的构造形态，北西西向和北东向"X"形构造控制了矿床的分布，也就是说北西西向断裂带作为导岩、导矿构造，控制着区域成矿带的展布。该区域性大断裂的北西向和北东向次级断裂作为配岩配矿构造，控制含矿斑岩体和矿床的分布，其断裂复合交会部位控制着矿体的定位，从而在空间上呈现等间距群簇分布的特点。本区北西西向大断裂控制了斑岩成矿带的展布，北东向断裂与北西西向断裂的复合是控制本区斑岩系列矿床等间距分布的主要因素。纳日贡玛矿床即产于北东向的纳日贡玛沟断裂与北西西向的众根涌大断裂交会部位，从打古贡卡、纳日贡玛、陆日格至哼赛青（图3-4），其间距离均在8～10km范围内。

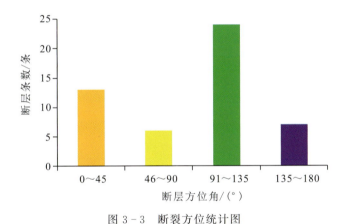

图3-3 断裂方位统计图

小构造对矿化富集的控制作用也是十分明显。区内强烈发育的小型断裂-裂隙构造系统为热液和矿质活动、沉淀提供了有利的空间，从而为围岩蚀变和成矿作用提供了充分的发育条件。构造裂隙密集程度控制了铜钼矿化的强弱，矿化强度与裂隙密集程度成正相关关系。因此北北东向小型断裂-裂隙构造是十分重要的容矿构造。纳日贡玛矿区岩体与围岩中节理构造十分发育，无论是在地表还是在钻孔中都可以观察到，铜钼矿化富集程度与构造裂隙的发育程度成正比。这些构造裂隙为热液和矿质活动、沉淀提供了有利的空间。据资料统计，纳日贡玛矿区受到的应力主要来自近南北向和北西向的挤压力，岩体及围岩中节理的密集程度与铜钼矿化强度具有一定的正相关关系。

根据上述分析，北西西向的断裂构造控制着岩浆岩的侵入，对热液的运移及成矿起着至关重要的作用，研究其展布特征，能更好地指明区域找矿方向，而北西西向断裂的旁侧构造发育相对较强的区域是矿体就位的有利区，强烈构造活动区域是成矿流体运移的通道，而矿体的形成则需要一个相对稳定的环境。因此构造活动相对较弱的部位是矿体就位的有利

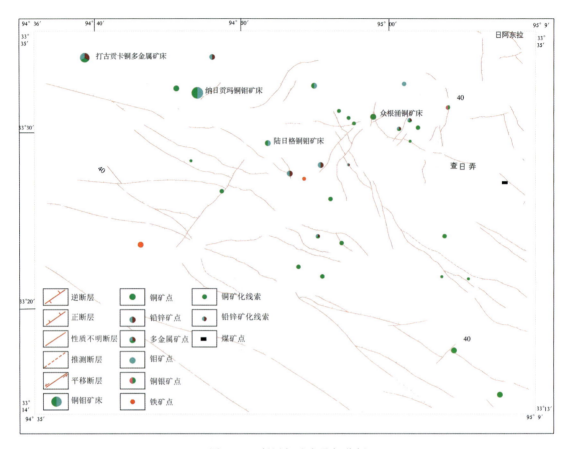

图 3-4 断层与矿点叠加分析

地段。

三江断裂带自古生代起,直至中生代、新生代期间,长期多次活动形成了本区的基本构造格架,控制了中酸性侵入体的分布。构造作为导矿、容矿空间,对斑岩型成矿系列的矿化分布有重要的控制作用。探讨区域性断裂构造展布特征能够更好地指明区域找矿方向。主干断裂的次级构造活动是成矿流体运移的有利通道,而成矿流体则需要一个相对平静的环境进行矿质沉积,因此构造活动相对较弱的部位是矿体沉积的有利部位。

三、岩浆岩条件

本区位于青藏高原腹地唐古拉山北坡,从元古宙以来经历了漫长的构造演化历史,受多期造山事件的影响。结合本区成矿背景,将区内岩浆岩划分为 6 个岩石组合,即打古贡卡花岗闪长斑岩+花岗斑岩组合、夏结能石英闪长岩+闪长玢岩组合、色得日斑状二长花岗岩+正长花岗岩组合、陆日格花岗斑岩+正长花岗斑岩组合、纳日贡玛花岗斑岩组合、鱼晓能灰绿玢岩+闪长玢岩组合,这些中酸性侵入岩与成矿关系最为密切,形成的矿床主要有纳日贡玛斑岩铜钼矿和陆日格斑岩性铜钼矿等。

(一)岩体成矿元素含量分析

本次主要利用《青海纳日贡玛—拉美曲地区1∶5万矿产远景调查报告》中提供的岩浆岩微量元素含量数据。鉴于当时研究程度限制,本次仅对本区内6个岩石组合中的4个组合的主要元素进行了岩体成矿元素含量统计分析(图3-5)。从图上可以看出喜马拉雅侵入岩的Cu、Pb、Mo元素含量明显增加,说明了新生代强烈的成矿作用。根据地层元素统计结果,可以发现岩浆岩和相应围岩中的多金属元素的含量呈正相关关系,表明区域岩浆活动对于地层金属元素活化具有重要影响。

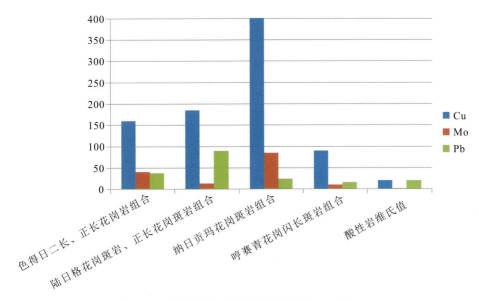

图3-5 主要致矿岩体成矿元素含量统计分析图

(二)成矿岩浆岩条件

1. 与火山岩有关的成矿地质条件

本区火山活动强烈,具多旋回,多期次的特点,主要集中在石炭纪和早—中二叠世,有色金属、贵金属成矿与火山活动关系密切。与火山作用有关的矿床点以早—中二叠世火山岩为主。

本次对诺日巴尕日保组各岩性段中的不同地层中成矿元素含量进行统计。从表3-1中可以看出,火山岩段中各微量元素在砂岩中平均含量值最高,各个岩性层中Ag、Cu、Pb、Zn平均含量值略高于地壳丰度值;各元素在各个岩性层中的变化系数大多都小于1,其中Cu的变化系数在3个岩性层中超过1,Cu在此岩段中分布不均,但易富集成矿。

表 3-1 诺日巴尕日保组成矿元素含量特征

岩性段	岩性	样数	项目	Au	Ag	As	Sb	Cu	Pb	Zn	Mo
火山岩段	安山岩	59	峰值	0.5~1.1	47~472	1.7~12.1	0.22~1.4	7.6~178	5.75~78.6	45.7~371	0.42~1.2
			平均值	0.73	104.36	3.78	0.51	57.54	21.64	158.34	0.65
			算术标准离差	0.13	65.76	1.85	0.23	41.95	13.14	57.7	0.14
			变化系数	0.17	0.63	0.49	0.45	0.73	0.61	0.36	0.22
	英安岩	3	峰值	0.7~3.4	63~1001	1.9~2.5	0.27~0.42	14.8~1050	19.5~30	43.3~75	0.48~0.78
			平均值	1.60	376	2.27	0.35	361.37	23.2	64	0.58
			算术标准离差	1.27	441.9	0.26	0.06	486.9	4.81	14.65	0.14
			变化系数	0.80	1.18	0.12	0.18	1.35	0.21	0.23	0.24
	安山岩夹凝灰岩	33	峰值	0.6~1.2	51~262	2.2~19.2	0.17~0.79	25.6~384	12.7~42.4	51~159	0.46~1.4
			平均值	0.77	98.24	6.2	0.4	75.62	21.05	104.23	0.64
			算术标准离差	0.16	40.82	3.9	0.15	80.02	7.39	29.98	0.18
			变化系数	0.21	0.42	0.63	0.38	1.06	0.35	0.29	0.28
	钙质泥岩	15	峰值	0.8~1.1	115~293	6.4~19.3	0.35~0.99	32.7~150	11.1~28	35.1~123	0.4~1.4
			平均值	0.89	171.87	13.13	0.54	52.65	17.46	62.85	0.69
			算术标准离差	0.09	55.35	4.1	0.15	30.82	4.31	22.89	0.27
			变化系数	0.10	0.32	0.31	0.03	0.59	0.25	0.36	0.40
	绿帘石夕卡岩	7	峰值	0.6~2.5	58~246	8.5~33.9	0.28~2.3	0.76~226	12.6~25.9	50.8~142	0.34~0.4
			平均值	1.07	119	16.11	1.16	55.39	19.73	84.2	0.37
			算术标准离差	0.71	69.57	8.2	0.75	85.39	3.88	35.4	0.02
			变化系数	0.66	0.59	0.51	0.64	1.54	0.20	0.42	0.06
	砂岩	5	峰值	0.6~5.6	182~3122	3.2~42	0.21~0.85	203~1190	24.3~266	77.1~145	0.46~12.4
			平均值	1.88	1382.2	11.78	0.44	633	86.97	99.48	4.55
			算术标准离差	1.87	1102.62	15.14	0.23	363.76	93.66	23.7	4.35
			变化系数	1	0.80	1.28	0.53	0.58	1.08	0.24	0.96

续表 3-1

岩性段	岩性	样数	项目	Au	Ag	As	Sb	Cu	Pb	Zn	Mo
碎屑岩段	岩屑凝灰岩	23	峰值	0.4~0.7	39~541	1~12.7	0.13~7.8	4.62~594	8.52~21	13.2~111	0.38~1.5
			平均值	0.58	87.22	3.55	0.81	85.45	14.51	45.73	0.68
			算术标准离差	0.09	104.18	2.95	1.61	158.53	3.9	28.42	0.21
			变化系数	0.15	1.19	0.83	1.99	1.86	0.27	0.62	0.31
	砂岩	118	峰值	0.5~1.8	43~258	0.71~48.3	0.07~21.6	2.56~1240	2.41~209	5.73~1340	028~3.8
			平均值	0.66	86.89	6.04	0.79	62.68	13.39	46.17	0.62
			算术标准离差	0.16	47.71	7.31	2.14	159.07	19.33	130.27	0.56
			变化系数	0.25	0.55	1.21	2.71	2.54	1.44	2.82	0.92
	粉砂岩	70	峰值	0.27~1.3	38~209	0.75~11.8	0.07~1.6	1.76~132	1.66~27.5	5.09~72.9	0.32~1.1
			平均值	0.67	73.07	4.33	0.37	15.22	12.07	30.65	0.5
			算术标准离差	0.18	35.3	3.46	0.27	20.55	4.84	16.86	0.17
			变化系数	0.27	0.48	0.80	0.73	1.35	0.40	0.55	0.33
	安山岩	32	峰值	0.5~0.8	50~196	0.76~5.5	0.08~0.66	2.22~24.7	5.77~20	6.7~244	0.27~1.3
			平均值	0.63	64.28	1.29	0.18	6.57	11.76	91.83	0.54
			算术标准离差	0.07	24.12	0.82	0.11	5.02	3.42	79.86	0.24
			变化系数	0.11	0.38	0.63	0.60	0.76	0.29	0.87	0.45
	砂砾岩	25	峰值	0.5~1.1	56~89	0.7~4	0.06~0.67	1.99~25.8	5.29~12.1	6.98~45.3	0.27~0.8
			平均值	0.64	64.68	0.94	0.19	7.94	8.84	25.78	0.41
			算术标准离差	0.12	7.88	0.64	0.13	5.63	1.98	10.56	0.13
			变化系数	0.19	0.12	0.68	0.71	0.71	0.22	0.41	0.32
	灰岩	27	峰值	0.6~1.7	53~716	1~18.3	0.08~2.3	0.63~191	4.64~51	5.39~142	0.34~1
			平均值	0.74	108.22	5.27	0.47	17.52	11.92	24.14	0.61
			算术标准离差	0.22	124.91	4.53	0.49	35.4	9.78	26.62	0.19
			变化系数	0.29	1.15	0.86	1.06	2.02	0.82	1.10	0.31
	泥岩	11	峰值	0.6~0.8	51~95	0.97~9.4	0.08~0.62	1.95~94.2	1.4~37.8	12.3~76.1	0.46~1
			平均值	0.68	64.55	4.11	0.28	22.45	14.61	40.06	0.71
			算术标准离差	0.07	12.82	2.75	0.2	28.25	10.01	22.08	0.19
			变化系数	0.11	0.20	0.67	0.72	1.26	0.69	0.55	0.26

注：元素含量单位，Au、Ag 为 10^{-9}，其他元素为 10^{-6}。

碎屑岩段的各岩性层中各微量元素平均含量值都较低,变化系数大多都小于1,其中Cu的变化系数在5个岩性层中都超过1,最高达2.54,证明Cu元素较为活跃,分布不均,易于富集成矿。

所以此套地层中以寻找铜为主的矿产地潜力较大,尤其在构造发育、蚀变强烈、后期热液叠加的地段。

2. 与侵入岩有关的成矿地质条件

区内岩浆活动比较频繁,表现为多旋回、多期次的特点。活动主要集中在喜马拉雅期,也有少数的燕山期。侵入岩与矿产关系密切,矿产类型有斑岩型、后期热液叠加型、矽卡岩型等。这些矿产主要分布在喜马拉雅期的岩体中,而在燕山期的岩体中尚未发现明显的矿化点。

喜马拉雅期是区内主要的岩浆活动期,也是主要成矿阶段,侵入岩体在区内出露得较多。这些岩体沿北西西向区域构造展布,受区域构造控制,是区内寻找斑岩型铜钼矿的重要标志,与成矿关系密切。

区内喜马拉雅期岩体主要有:昂纳赛莫能灰色石英闪长斑岩、哼赛青花岗闪长斑岩、纳日贡玛黑云母花岗斑岩、迪拉亿灰白色二长花岗斑岩、乌葱察别灰白色钾长花岗斑岩等。对这些区内主要的岩体成矿元素含量进行统计分析,如表3-2所示。

表3-2 喜马拉雅期侵入岩体微量元素平均值表

岩体名称	样数/个	捡块样光谱半定量测定平均值/10^{-6}						
		Cu	Mo	Pb	Cr	Ni	V	Ga
纳日贡玛	46	644	85	24	76	19	69	18
迪拉亿	2	185	13	90	12	10	30	20
哼赛青	5	90	10	16	12	10	10	10
昂纳赛莫能	5	128	12	63	21	13	58	20
乌葱察别	13	160	41	38	37	10	109	26
世界酸性岩平均值		30	2	20	25	8	40	30

注:据《纳日贡玛钼铜矿床普查报告》(1981)。

从表3-2可以看出,在喜马拉雅期侵入各岩体中Cu、Mo的平均值远高于世界酸性岩Cu、Co的平均值。说明Cu、Mo背景值在各岩体中含量高,易富集成矿,并且在纳日贡玛、迪拉亿等岩体中有斑岩型Cu、Mo矿的成矿事实。

从表3-3中不难看出,乌葱察别钾长花岗斑岩中各成矿元素的平均值最高,Sb、Cu、As、Zn元素变化系数高于或接近1,说明这些元素易于富集成矿,乌葱察别的M6铜铅锌银多金属矿体就产于此侵入岩外缘。

纳日贡玛岩体中Mo平均值最高,Cu、Ag的平均值也极高。Mo、As变化系数大于1,

Cu、Ag 变化系数接近 1,此岩体中发现的斑岩型铜钼矿床具大中型规模。

乌葱察别二长花岗岩中虽然各成矿元素变化系数较大,如 Ag、As、Sb、Pb 变化系数超过 2,但这些元素在岩体中的平均含量较低,接近或略高于地壳丰度值,也就是说背景值不高,所有这些元素很难富集形成具有规模的矿床,而此岩体中 Mo 的平均含量(9.56×10^{-6})是地壳丰度(1.5×10^{-6})的 6 倍多,变化系数高达 3.05,说明 Mo 元素在此极为活跃,也极易富集成矿;Cu 的平均含量(72.3×10^{-6})高于地壳丰度(55×10^{-6}),变化系数 2.36,说明 Cu 元素也较为活跃,分布不均匀,富集成矿可能性较大。所以在此套岩体中寻找 Mo 和 Cu 矿床的潜力极大。

表 3-3 喜马拉雅期各酸性侵入岩体成矿元素含量特征统计表

岩体名称	岩性	样数	项目	Au	Ag	As	Sb	Cu	Pb	Zn	Mo
乌葱察别	二长花岗岩	120	峰值	0.7~2.6	35~1520	0.74~31.9	0.04~2.3	4.4~1375	9~695	13.7~99.7	0.33~200
			平均值	1.1	92.74	1.88	0.16	72.3	21.56	33.18	9.56
			算术标准离差	0.32	162.26	4.26	0.37	171	63.1	11.38	29.11
			变化系数	0.29	1.75	2.26	2.28	2.36	2.93	0.34	3.05
	钾长花岗斑岩	77	峰值	0.8~93.2	454~3200	21.3~796	1.84~107	62~2500	152~4710	142~2200	1~22.5
			平均值	9.85	2572.3	172.13	10.29	348.45	1233.17	603.18	5.78
			算术标准离差	13.2	754.79	172.4	17.73	354.07	830.18	573.72	4.6
			变化系数	0.86	0.29	1.00	1.72	1.02	0.62	0.95	0.8
纳日贡玛	黑云母花岗斑岩	16	峰值	0.6~1.5	238~2550	1.5~11.7	0.14~7.6	27.6~756	18.1~132	18.7~68.5	1.7~124
			平均值	0.79	737.3	4.56	1.23	256.25	50.48	34.47	32.78
			算术标准离差	0.21	542.8	2.38	1.87	191.79	28.94	13.4	33.6
			变化系数	0.26	0.74	0.52	1.52	0.75	0.57	0.39	1.03
哼赛青	花岗闪长斑岩	48	峰值	0.8~6.9	108~943	19.23~111	1.57~25	6.64~78.3	24.4~379	44.2~1570	1.1~3.6
			平均值	1.22	242.65	37.95	3.83	29.27	91.38	289.19	1.92
			算术标准离差	0.87	154.39	20.33	3.81	13.97	82.92	354.41	0.58
			变化系数	0.72	0.64	0.54	0.99	0.48	0.91	1.23	0.30

注:元素含量单位,Au、Ag 为 10^{-9},其他元素为 10^{-6}。

哼赛青地区的花岗闪长斑岩中 Zn、Pb、Sb、Ag 元素平均含量值较高,比地壳丰度值高很多,并且 Zn 的变化系数大于 1,Pb、Sb 的变化系数接近 1,说明这 3 种元素含量分布不均匀,容易在局部地段富集成矿。所以在此区寻找以锌铅为主的矿体潜力较大。综上所述,在喜马拉雅期纳日贡玛岩体中从外至内,岩相变化明显,分异较好,有利于有用组分分选、富集成矿,预示着纳日贡玛岩体及其外围寻找斑岩型铜钼矿潜力较大;岩体边缘及围岩中由于岩浆后期多期热液叠加改造形成大量的矿化点,如纳日俄玛一带的热液型铜矿化点、色的日岩体南缘的一系列的热液型矿化点。岩体接触边缘的碳酸盐岩中形成了大量的矽卡岩型的矿化点,在矽卡岩中对有用组分富集成矿非常有利,乌葱察别的 6 条矿体就属于这种成因。在构造发育、蚀变强烈的地段岩浆容易运移和储存使有用组分分选、富集成矿。

第二节 矿床成因类型组合

按照陈毓川院士"三同四一体"成矿系列理论(2022),本区成矿涵盖两大构造-成矿旋回,即中生代构造-成矿构造旋回和新生代构造-成矿旋回,对应形成了两大成矿系列,即与中生代岩浆成矿作用有关的铜、铅锌、金成矿系列和与新生代岩浆成矿作用有关的铜钼、铅锌银等矿床成矿系列。鉴于本区地质工作程度还比较低,目前发现的矿床成因类型及其组合相对较为单一,难以进一步划分矿床成矿亚系列,本次不采用成矿系列进行矿床类型划分,而是参考成矿系列中的"矿床式"划分了不同的成因类型组合。

需要指出的是,广义的斑岩型矿床是在时间上、空间上和成因上与浅成或超浅成中酸性斑岩体有关的细脉浸染型矿床,它具有形式多样的矿化类型和成矿元素。一般在矿区尺度,利用广义的斑岩型矿床概念难以表达岩石赋矿的基本特征。本次工作中,在结合"矿床式"的基础上,主要从矿石的结构和矿化的赋存状态来表达矿床的成因类型。不同期次的岩浆-构造作用,结合不同的致矿中心,将本区矿床成因类型划分为 4 个组合。

1. 早三叠世与俯冲增生有关的打古贡卡斑岩型、热液脉型组合

本次工作打古贡卡地区获得了(240.1±0.89)Ma 的锆石 U-Pb 同位素年龄,代表该含矿花岗斑岩的侵入年龄。岩石地球化学显示出岩浆与俯冲有关的特点,代表了金沙江洋壳向南侧的北羌塘陆块俯冲环境。区内赋矿地质体主要为花岗斑岩,其中 AS05 异常区局部矿化赋存于早—中二叠世诺日巴尕日保组碎裂灰岩及碎屑岩中,且沿岩体与围岩接触带附近的碎裂灰岩中矿化明显富集,矿化富集程度与围岩的化学性质具有密切关系。矿化在垂向上具有明显的 Au\Pb\Zn—Pb\Zn—Cu\Pb\Zn—Cu\Mo 的分带性规律,矿化类型从稀疏侵染状矿化花岗斑岩到细脉状矿化火山岩\碎屑岩过渡;沿走向远离岩体具有 Pb\Zn\Ag—Pb\Zn—Cu\Pb\Zn 的分带性,矿化类型表现出从稀疏侵染状矿化花岗斑岩到稀疏侵染状矿化碎屑岩、细脉状矿化火山岩\碎屑岩过渡的特征。

2. 古新世与主碰撞有关的陆日格斑岩型、热液脉型、矽卡岩型组合

郝金华等(2010)在陆日格地区获得了 62.1~61.7Ma 的含矿斑岩体年龄和(60.7±

1.5)Ma 的辉钼矿年龄,也代表了新生代印度-亚洲大陆主碰撞阶段。区内赋矿岩性主要为黑云母二长花岗斑岩、石英花岗斑岩及少量花岗闪长斑岩,围岩主要为早—中二叠世诺日巴尕日保组火山岩。矿化集中在斑岩体及其外接触带上,钼矿体产于斑岩体内、外接触带的蚀变玄武岩中,铜矿体主要产于斑岩体及顶部与围岩接触带外侧的蚀变玄武岩中,元素分带明显,但总体表现出品位低、矿化不集中等特征。陆日格矿区距离托吉曲深大断裂仅 2km,托吉曲深大断裂是区内重要的近南北向次级大型断裂,这种深大断裂不利于矿液的保存,造成了陆日格矿区尽管出现大面积的矿化蚀变现象,但富集成矿的可能性更低。矿化类型主要以细脉状为主,稀疏侵染状次之,具有典型斑岩型矿床的矿化蚀变特征。

哼赛青岩体距离陆日格岩体约 12km,两者分别就位于托吉曲深大断裂东西两侧。哼赛青地区出露的侵入岩组合主要为黑云母二长花岗斑岩、花岗闪长斑岩,沿北东次级断裂灌入,目前尚没有确切的年龄数据,仅从出露的岩性特征对比,基本与陆日格一致,初步推测与陆日格岩体为同一时间岩浆侵位的产物。围岩主要为杂多群碎屑岩组,岩性为细碎屑岩夹少量的复成分砾岩、灰岩。铅锌银矿化主要集中在花岗闪长斑岩与围岩的内外接触带中,岩体西侧矿化主要呈细脉状、团块状分布,成因类型以热液脉型为主;岩体东侧与灰岩接触带附近,矿化以团块状、稀疏侵染状为主,成因类型为矽卡岩型。

3. 始新世与后碰撞有关的纳日贡玛斑岩型组合

纳日贡玛大型铜钼矿床,是青海省最为典型的斑岩型矿床,其工作程度相对较高,众多学者也给予了较多的关注。关于纳日贡玛铜钼矿床的具体特征,在前述章节已有详细的叙述,总体来看,从纳日贡玛矿区到西侧的纳日俄玛岩体,再到北侧的茸能岩体,近 10km 的范围内岩性具有明显的同源岩浆特征,构成了一个完整的斑岩型成矿系统。目前纳日俄玛、茸能地区的工作程度还很低,没有确切含矿岩体的年龄及地球化学依据,矿点的资料也仅限于初步的地表踏勘,从目前发现的矿化线索判断,从纳日贡玛的斑岩型铜钼矿到纳日俄玛的热液脉型铜钼矿,再到茸能热液脉型铅锌矿,总体展现出从中高温到中低温的元素分带特征,预示着纳日贡玛可能为本区的致矿中心,矿床及外围的找矿潜力尚未得到全面的挖掘。

4. 始新世与后碰撞有关的色的日热液脉型、矽卡岩型组合

色的日岩体由两部分组成,色的日斑状二长花岗岩和控巴俄仁正长花岗岩,前人在该区分别获得了 41.8Ma、46Ma 的黑云母 K-Ar 同位素年龄,岩体的出露面积近 $65km^2$,在岩体和围岩中广泛发育的花岗质岩脉与石英脉相互穿插,表现出同源岩浆多次侵入特征,属同熔型花岗岩类杂岩体。脉动侵位次数多,预示着深部岩浆分异好,矿化叠加机会多,矿质富集的可能性大(刘增铁和任家琪,2007)。正长花岗岩地球化学投影位于 POG 区附近及 RRG+CEUG 区,表明为后造山阶段的产物,同时也显示出高硅、高钾的钙碱性和钾玄岩系列岩石的板内壳源花岗岩的特征,与纳日贡玛岩体基本一致。岩体周边大面积出露早—中二叠世开心岭群碎屑岩和碳酸盐岩组合,西侧与晚三叠世结扎群碎屑岩和灰岩呈侵入接触,接触界线处烘烤蚀变较强,砂岩已角岩化,灰岩则大理岩化、矽卡岩化,铜钼铅锌银等矿化集中分布在内外接触带附近。以色的日岩体为中心,周边矿化的分布严格受色的日岩体内/外

接触带的控制，这些矿化随着围岩的不同显示出了不同的成矿类型，当围岩为碳酸盐岩地层时矿化主要为矽卡岩型，当围岩为碎屑岩、火山岩时矿化表现为热液脉型。

综上所述，本区主要是以喜马拉雅期岩浆侵入所形成的斑岩型矿产为代表，喜马拉雅早期沿主要断裂带的岩浆侵入为形成斑岩型成矿系列提供了岩浆条件，其由内向外表现为：①斑岩型铜钼矿床、矿（化）点，元素组合以中—高温为主，直接产于强烈蚀变的斑岩体内及其外接触带，围岩多以诺日巴尔日保组火山岩段（二叠纪基性、中基性、中性火山岩）为主，为侵入岩浆提供了良好的盖层和封闭空间，如纳日贡玛、打古贡卡、陆日格等；②矽卡岩型、热液型铜多金属矿点，元素组合以中低温为主，矿化多产于岩体与围岩接触带，以外接触带为主，围岩多以二叠纪九十道班组碳酸盐岩为主，后期岩体侵入产生接触交代，形成矽卡岩型矿产，如众根涌、乌葱查别等。

第三节　矿产时空分布规律

不同的地质事件、不同的成矿环境，形成了不同的矿种或矿床在不同成矿期的集中出现。如前所述，纳日贡玛地区在时间上经历了古特提斯洋弧盆系统和新生代陆陆碰撞两期地质事件与成矿作用，空间上形成了打古贡卡、纳日贡玛、色的日、陆日格4个致矿中心。

一、时间分布规律

斑岩型铜多金属矿床无论是从成因上还是空间分布上均与浅成—超浅成侵入的中酸性侵入体具有密切的关系，因此岩浆岩是斑岩型矿床最最主要的控矿因素。一般认为斑岩型铜钼矿床主要形成于两种构造环境：一种是陆缘弧和岛弧构造环境，这种构造环境下形成的含矿斑岩通常是典型的钙碱性系列，是由俯冲大洋板片释放的流体诱发地幔楔部分熔融形成的玄武岩浆发生结晶分异和/或同化混染而形成；另一种是陆-陆碰撞造山环境，含矿斑岩来源于碰撞加厚的下地壳，俯冲板块撕裂导致软流圈上涌，引起残余大洋板块熔融，产生含矿岩浆向下地壳注入新生构造，并诱发下地壳物质熔融混染。本区古特提斯洋弧盆系统和新生代陆陆碰撞事件恰好与典型的两种构造环境相对应。

（一）古特提斯洋弧盆系统及其成矿作用

本区处于三江特提斯成矿域，特提斯演化对区域岩浆活动和成矿事件都有很大的影响，所有的成岩成矿背景都放在这一个框架里面考虑。其中特提斯开合演化在本区及其临区上的主要响应是石炭纪—二叠纪金沙江洋与三叠纪甘孜—理塘洋的形成及俯冲闭合，这两次不同时代的构造运动对本区均有影响，尤其是甘孜—理塘洋的形成闭合起到了至关重要的作用。

泥盆纪—石炭纪古特提斯多岛洋扩张阶段主要表现为早石炭世杂多群浅海陆棚相—海

陆交互相含煤碎屑岩、碳酸盐岩建造,代表了扩张期被动陆缘沉积。该套沉积建造主要出露于本区哼赛青地区,其本身未见明显的与该期沉积作用相关的矿化信息,目前该套地层中发现的矿化主要产于喜马拉雅期岩浆岩与其接触部位,形成了一些热液脉型或矽卡岩型矿产,具有明显的后生成矿特征。区域上是以早石炭世杂多群碎屑岩组中的地错弄赤铁矿点和格玛煤矿点为代表的沉积型矿产,在滨浅海的边缘地带,海水时进时退,往往形成滨海沼泽和陆相小型盆地,海水和湖泊中富含有机物,来源于蚀源区的铁的胶体溶液在温暖潮湿的气候条件下,氧化作用明显,在盆地底部形成了赤铁矿堆积;当气候处于温暖潮湿时,海陆交界的沼泽地区,植物大量繁殖、生长、死亡、堆积而形成煤,但由于植物堆积后,保存条件欠缺,腐殖质难以长期堆积,对煤的形成不利,因此仅在局部保存和埋藏条件较好地区形成了少量煤矿,难以形成规模较大的工业矿床。

中二叠世—晚三叠世俯冲造山阶段主要表现为金沙江洋壳开始向南方的北羌塘陆块俯冲,形成了著名的开心岭弧与巴塘弧,区内以开心岭群和结扎群为代表,是区内主要的围岩建造,其相对较高的元素地球化学背景和致密块状的物理条件为元素活化迁移、遮挡成矿提供了良好的空间条件。区域上治多蛇绿岩(268Ma)揭示了西金沙江—甘孜理塘古特提斯洋在早—中二叠世时期的开启,伴随着金沙江洋壳向南的继续俯冲,火山活动频发,形成了典型岛弧环境的块状硫化物矿床(VMS,黑矿型),如赋矿地层为二叠纪火山岩组的尕龙格玛铜多金属矿床;空间上分布于巴塘弧火山岩带中的火山岩浆型磁铁矿,代表性矿点有征毛涌磁铁矿点、车拉涌磁铁矿点;以壳源为主的弧花岗岩大量侵位,在本区形成了打古贡卡含矿斑岩组合(240Ma),具有斑岩型成矿特征,是本区古特提斯阶段成矿的典型代表。值得一提的是,前人普遍认为打古贡卡铜多金属斑岩矿床与纳日贡玛铜钼矿床同属喜马拉雅期岩浆活动的产物(陈建平,2010),打古贡卡斑岩铜多金属矿精确成岩成矿时代的限定,表明三江带不仅存在晚碰撞转换环境下的斑岩矿床,也存在与俯冲增生环境相关的印支期斑岩矿床。1∶5万矿产远景调查在本区南部的阿多地区取得了(247±1)Ma(U-Pb)的锆石年龄(杨延兴等,2010),进一步证明了该期构造岩浆事件的存在。在区域上,沱沱河地区229Ma埃达克岩、治多地区228~227Ma南部中酸性火山岩和玉树地区230Ma弧火山岩记录了这一幕(詹小飞,2021)。同时,代表海湾潟湖或陆相湖泊中的石膏等沉积型矿产,如早—中二叠世开心岭群诺日巴尕日保组、晚三叠世甲丕拉组中共发现5处石膏矿(化)点,以及代表弧后盆地沉积的一套碎屑岩夹碳酸盐岩、火山岩建造中,大量的蚀源区物质被带入盆地中沉积,具变价性和亲硫性的铁、铜离子在酸性介质与氧化条件下也随之被带入盆地后,在碱性介质和还原条件下由于有机质的吸附作用,以铁、铜的硫化物形式沉积下来,形成了南岸作黄铁矿点、安牛河黄铜矿点等。

(二)新生代陆陆碰撞事件及其成矿作用

新生代喜马拉雅期由于印度-欧亚板块碰撞的远程效应,以及后碰撞的伸展与走滑拉张,导致新生的底侵玄武质岩层发生部分熔融形成含矿岩浆,含矿热液沉淀,形成铜、钼矿体及围岩蚀变。本区内该阶段显著的特征是形成了新生代纳日贡玛火山-岩浆带,为区内最重要的含矿建造。新生代侵入岩主要为两个浅成的斑岩组合，即古新世的陆日格组合和始新世的那日贡玛组合，均为高硅、高钾的斑岩组合。对应区域成矿作用，本区内也显示出清楚的三段性（侯增谦等，2006）。

第一时段时代为65～41Ma，对应于印度-亚洲大陆的同碰撞或主碰撞期，表现为大陆对接拼合、大陆俯冲与地壳缩短，发生大规模岩浆底侵与地壳垂向增生，导致地壳增厚。成矿作用主要发育于主碰撞变形带，与碰撞期花岗岩有关，并受大规模逆冲推覆构造控制。目前测得本区陆日格斑岩型铜钼矿成矿年龄65Ma左右，应该是该时段较为典型的矿产。但总体来说，本区内该时段的成矿不明显，或者说在第一时段末期/第二时段开始，才是本区的主要成矿期。

第二时段时代为40～26Ma，对应于印度-亚洲大陆的晚碰撞期。对于整个造山带来说，晚碰撞时的挤压—伸展转换阶段无疑为最主要的成矿阶段，以沿巨型剪切带的块体间水平相对运动为特征，在高原东缘发育大规模的走滑断裂系统、大规模剪切系统和逆冲推覆构造系统。伴随着区域褶皱—逆冲和大规模走滑，在该区形成一系列北西-南东和北西西-南东东走向的、与逆冲相关或受走滑控制的新生代盆地，大量中酸性岩浆侵位，该期岩浆活动引起了强烈的成矿作用，在本区形成了以斑岩型为代表的与岩浆侵位有关的成矿系列。以纳日贡玛为中心的矿集区，包括纳日贡玛斑岩型铜钼矿床、众根涌矽卡岩型铜矿点、乌葱察别矽卡岩型铜矿点等一系列与岩浆侵位有关的系列矿床/矿点。区域上伴随着陆内大规模走滑、逆冲推覆和大规模剪切等主要地质过程，富矿热液卤水沿构造运移，在淋滤、萃取碳酸盐岩地层的物质并沉淀成矿，形成莫海拉亨、东莫扎抓等MVT型铅锌矿床。

第三时段时代为25～0Ma，对应于后碰撞伸展期。其实对于整个造山带来说，后碰撞伸展期同样是碰撞造山过程中很重要的成矿阶段，区域上主要表现为冈底斯斑岩型铜矿带（西藏南部发现的驱龙、甲玛等便是典型代表），在本区内也有该时段岩浆的深刻记录，如中新世鱼晓能组合便是典型的代表，但尚未发现明显的矿化信息。

二、空间分布规律

一个地区矿床（点）的空间分布规律与时间分布规律存在着密不可分的关联，在一定程度上不同的成矿时段间接指示着这类矿床的分布范围。如前所述，根据不同的成矿时段、主要的控矿因素，结合已有的成矿信息，本区矿床（点）的分布在空间上明显地形成了4个致矿中心。

（1）打古贡卡含矿斑岩体作为本区唯一的印支期岩浆活动的代表，其成矿在本区内具有唯一性和代表性。打古贡卡AS04和AS05异常目前已经揭露到了相应的成矿斑岩体，目前发现的矿化组合为Cu、Mo、Au，特别是Au矿化线索的发现，与纳日贡玛地区有着直接的区别。在离主含矿斑岩体东侧0～6km范围内有大量的花岗斑岩脉群出露，在地表也发现了较多的Cu矿化线索，成矿类型以热液脉型为主，说明矿区东侧含矿斑岩体的剥蚀程度很低。以打古贡卡斑岩型Cu、Mo、Au矿区为中心，平面上向外逐渐有过渡为热液脉型的趋势，矿化以 Cu 矿化为主,而通过主矿区的深部验证,发现在垂向分带上具有 Pb、Zn、Ag、Au—Cu、Pb、Zn、Ag—Mo、Ag、Au 的元素分带,其中 Au 品位较低,多在 $(0.2\sim1.44)\times10^{-6}$ 之间,与 Ag 共生,这与典型的斑岩型元素分带非常相似。

(2)以纳日贡玛为中心,向北在的荢能一带始新世花岗斑岩出露较多,已发现有的荢能铅锌矿化点,向西侧已发现纳日俄玛铜矿点,总体上以纳日贡玛为中心,分别在其北侧和西侧形成了一个完成的斑岩型成矿系统。同时在该区域内北东向的构造极有可能是主要的控矿构造,在的荢能地区发现的铅锌矿化线索预示着较低的剥蚀程度,由于外围工作程度很低,目前其找矿远景还有待进一步探索。

(3)以色的日岩体为中心,在岩体的周边发现了大量的矿化信息,这些矿化的分布严格受色的日岩体内/外接触带的控制,沿岩体周边形成了一个"环形"的矿化集中区域。这些矿化随着围岩的不同显示出了不同的成矿类型,当围岩为碳酸盐岩地层时矿化主要为矽卡岩型,当围岩为碎屑岩、火山岩时矿化表现为热液脉型。

(4)陆日格—哼赛青—宋根托日—块切弄沟一带整体受北西西向断裂控制,无论是圈定的1∶5万水系异常还是已发现的多金属矿化线索,基本沿着北西西向断裂两侧分布,以陆日格为中心,成矿类型上从斑岩型逐渐过渡为热液脉型/矽卡岩型。在平面上矿化有从陆日格的中高温铜钼矿种逐渐过渡到中低温铜铅锌多金属矿种的趋势,垂向分带上由于仅对陆日格矿区进行了深部验证,Cu 和 Mo 共生关系明显,元素分带不清晰。

总之,纳日贡玛地区矿化信息均属不同时期岩浆活动在不同阶段、不同深度岩浆侵位的结果,中酸性侵入体多沿北西向主构造和北东向后生断裂的交会部位侵位,造就了一套完整的斑岩型成矿体系,与典型的斑岩成矿非常相似,对整个三江北带的斑岩型成矿具有很好的借鉴和指导意义。

第四节 区域成矿模式

如前所述,本区存在两次不同构造环境的斑岩型成矿事件,即以打古贡卡矿床为代表的古生代—中生代俯冲增生及其成矿,以纳日贡玛矿床为代表的新生代陆陆碰撞造山及其成矿。截至目前,打古贡卡矿区的研究资料仅限于少量的含矿斑岩体地球化学特征和同位素测年数据,针对矿床成矿流体示踪等矿床学研究基本为空白。本次重点针对纳日贡玛矿床前人研究资料进行系统梳理,从源、运、储等方面全面揭示纳日贡玛铜钼矿床成矿机制,并在此基础上建立区域成矿模式。

一、成矿物质来源

（一）矿质来源

成矿流体具有复杂的来源，归纳起来主要有：岩浆上升过程中因分解或结晶释放的流体；变质脱水—脱挥发分产生的流体；富水沉积物因压实或构造收缩挤压产生的流体；大气降水或海水下渗循环演化产生的流体；地幔排气作用产生的流体；交代作用产生的流体。王召林等（2008）对纳日贡玛铜钼矿床成矿流体的氢氧同位素研究结果表明，成矿流体是岩浆期后热液与大气降水的混合溶液，大气降水的加入，使成矿流体发生稀释，并使Cl^-和HS^-活度降低，导致呈$CuCl_2^-$、$CuCl_2^{-3}$、$Cu(HS)_2^-$络合物形式存在的铜变得不稳定，分解析出黄铜矿等含铜矿物。南征兵等（2005）对纳日贡玛铜钼矿床中脉石英中所含大量包裹体进行了研究，成矿流体为Cl-Na-Ca型水溶液，液相成分中阳离子以Na^+为主，阴离子以Cl^-为主，流体气相组分主要为H_2O热液，其次是CO_2，而H_2、CO和CH_4含量甚微，成矿介质水主要为岩浆水和大气降水的混合流体。

李保华等（2007）在纳日贡玛斑岩体中采集的包体样品和硫同位素样品（表3-4）。黄铁矿的硫稳定同位素值变化不大，在7.16‰～7.50‰之间变化，反映出矿化物质来源于深部，说明斑岩体的流体系统以岩浆热为主，主体成矿是在岩浆热液蚀变交代的背景下形成的。石英矿物的爆裂温度高于黄铁矿的爆裂温度（热爆—超波提取法），二者的包体均为气液包裹体，气/液比值大于50%，包体中物质显示为富水和偏酸性，包体成分说明成矿岩浆与正常的长英质岩浆的不同，反映出其源岩可能来自富水的俯冲洋壳板片的部分熔融。

表3-4 纳日贡玛硫稳定同位素（据李保华等，2007）

序号	样号	样品名称	$\delta^{34}S$/‰	备注
1	ZK301～24	黄铁矿	7.50	
2	ZK301～24	黄铁矿	7.38	重复样
3	P8TC3～5	黄铁矿	7.48	
4	P8TC1～3	黄铁矿	7.16	
5	P8TC3～8	黄铁矿	7.24	

南征兵（2006）对矿石（脉）、花岗斑岩、玄武岩作了稀土元素含量测定（表3-5），分析结果表明：花岗斑岩的稀土总量为$(185.120～271.910)×10^{-6}$，平均$228.515×10^{-6}$，明显高于玄武岩的稀土总量$[(128.315～137.34)×10^{-6}$，平均$132.828×10^{-6}]$，矿石的稀土元素总量

与花岗斑岩的一致,变化范围为$(159.735\sim225.398)\times10^{-6}$,平均$192.235\times10^{-6}$,从而表明铜钼矿化可能主要与花岗斑岩有关。

表 3-5　纳日贡玛铜钼矿床稀土元素分析结果(10^{-6})及其有关计算参数

(据南征兵,2006)

样号	La	Ce	Pr	Nd	Sm	Eu	Gd	Tb	Dy	Ho	Er	Tm	Yb	Lu
TC3~4a	47	92.1	8.77	29.6	3.79	0.78	2.42	0.41	2.69	0.5673	1.57	0.230	1.4	0.231
QJ5~1a	46.4	111	10.6	39.6	5.02	1.16	3.58	0.56	3.40	0.6624	1.69	0.229	1.29	0.184
QJ3~1a	39.2	80	7.30	24.6	3.35	0.55	1.25	0.21	1.35	0.2803	0.76	0.11	0.66	0.095
NP1~3b	25	60	6.2	23	5.3	1.5	5.2	1	4	0.94	2.6	0.35	1.75	0.5
QJ1~1b	23.9	54.8	6.39	25.8	4.85	1.47	2.96	0.49	3.17	0.656	1.78	0.256	1.53	0.249
NS~15c	69.4	138	11.1	38.8	4.09	1.14	2.00	0.35	2.36	0.513	1.46	0.22	1.38	0.217
TC3~5c	48.4	95.7	7.70	24	2.95	0.6	1.40	0.24	1.61	0.346	0.97	0.145	0.898	0.142

样号	HREE	REE	LREE	LREE/HREE	δEu	δCe	(La/Yb)$_N$	(Ce/Yb)$_N$
TC3~4a	191.573	9.527	182.046	19.108	0.739	1.020	22.634	17.016
QJ5~1a	225.398	11.610	213.788	18.414	0.798	1.161	24.250	22.257
QJ3~1a	159.735	4.725	155.010	32.807	0.691	1.063	40.043	31.353
NP1~3b	16.34	137.34	121	7.405	0.864	1.130	9.631	8.868
QJ1~1b	128.315	11.105	117.210	10.555	1.102	1.048	10.532	9.265
NS~15c	271.910	8.513	263.397	30.941	1.080	1.061	33.905	25.866
TC3~5c	185.120	5.766	179.354	31.105	0.795	1.080	36.337	27.566

注:NP1~3由西南冶金分析,其余样品由成都理工大学分析;a.矿石;b.玄武岩;c.花岗斑岩。

(二)岩浆的可能源区

纳日贡玛斑岩初始的 Sr-Nd-Pb 同位素组成与玉龙带斑岩类似,处于亏损地幔(MORB)与下地壳的混合线附近,且更向亏损地幔靠拢。玉龙带斑岩的已有研究结果表明,如不考虑上述各类岩浆产出的时空规律,其源区既可为俯冲洋壳与上地幔物质混合-交代形成的Ⅱ型富集地幔(EMII),岩浆源于$50\sim80km$处壳幔过渡带的部分熔融(邓万明和孙宏娟,1998;邓万明等,2001;侯增谦,2004);也可为流体交代形成的富集地幔,岩浆源于至少

100km处板片释放流体交代成因的金云母。三江中、北段斑岩Cu-Mo(Au)成矿带显示出从西北部的纳日贡玛带至东南部的玉龙带成岩、成矿年龄呈现了明显递减的规律性,说明其形成不仅受控于统一的动力学机制,更表明含矿斑岩具有类似的岩浆源区。杨志明等(2008)对纳日贡玛花岗岩中锆石的Hf同位素研究表明,其值介于+4.6～+7.3之间,平均+5.8。亏损的Hf同位素组成特征,表明纳日贡玛含矿斑岩的源区要求有更多亏损地幔物质的参与。因此,被俯冲板片流体交代和软流圈物质注入而成的壳幔过渡带可能为纳日贡玛-玉龙带含矿斑岩的理想源区。另外,与东南部的玉龙带斑岩相比,纳日贡玛斑岩的Sr-Nd-Hf同位素更向亏损地幔单元靠拢,这可能与软流圈物质注入量的多少有关(杨志明等,2008)。

二、成矿流体运移过程

不同来源流体在活动、演化过程中,通过与源岩或围岩发生相互作用,使成矿金属活化、溶解、络合,形成富含矿质的活动性成矿流体而迁移、沉淀堆积。对于斑岩矿床的岩浆或交代热液型矿床来说,其形成均与结晶岩浆排出的热流体流动沉淀或交代作用有关,因而起主导作用的可能是减压作用使成矿流体从地壳较深部位迁移到较浅部位,以及地壳热结构改变而诱发流体循环并影响大范围围岩的流体岩石反应等。

纳日贡玛地区构造上处于金沙江缝合带与澜沧江断裂带之间的羌塘地体东北缘,是调节青藏高原挤压、隆升和大规模向南挤出的部位。先后经历了晚古生代—中生代古特提斯洋盆扩张、俯冲造山作用及新生代大规模陆内变形。晚古生代—中生代古特提斯洋盆扩张、俯冲造山作用主要表现在古特提斯多岛洋扩张及随后的洋盆向南发生B型俯冲消减,形成陆缘弧火山弧(莫宣学等,1993);三叠纪陆相磨拉石建造、碱性火山岩及不整合的出现,标志着西金乌兰-金沙江结合带构造演化的结束,从此进入陆内造山阶段;进入新生代,随着印-亚大陆碰撞和青藏高原的抬升,区内进入大规模陆内变形,形成北西走向的逆冲断裂控制该区整体的构造格局(Spurlin et al.,2005)。受区域构造控制,自中二叠世以来,本区内岩浆活动频繁,印支期、燕山期、喜马拉雅期均有规模不等的岩浆侵位,而与纳日贡玛钼铜矿化关系密切的主要为喜马拉雅期的花岗斑岩。因此,纳日贡玛斑岩型铜钼矿受控于新生代陆内走滑断裂系统和伸展断裂系统,含矿岩浆沿走滑断裂及其次生断裂浅成侵位,并在局部拉张和应力释放环境下分凝富Cu流体,形成斑岩型铜矿,矿体主要产于接触带的蚀变玄武岩和硅化高岭土化黑云母花岗斑岩中。

三、矿床的富集成矿

成矿流体沸腾作用、岩浆期后热液与大气降水的混合作用是引起温度降低、pH值增大,进而导致金属硫化物沉淀的主要原因。随着岩浆结晶作用的不断进行,硅酸盐矿物不断析出,岩浆中的H_2O、CO_2、S、P、F、B、Cl等挥发组分以及Cu、Mo等成矿元素逐渐富集,在岩浆结晶作用的晚期变成岩浆-热液过渡性流体,并赋存于已结晶的岩浆矿物之间,成为粒间流体。这种粒间流体沿已结晶的岩浆硅酸盐矿物裂隙、孔隙充填交代,形成细脉浸染型铜钼矿床。在成矿流体的演化过程中,斑岩体的流体系统以岩浆热液为主,主体可能来自富水的俯冲洋壳板片的部分熔融,成矿是在岩浆热液蚀变交代的背景下形成的。后期流体沸腾作用和混合作用影响所引起的温度降低、pH值增大,导致黄铜矿、辉钼矿等硫化物沉淀。综上所述,在成矿流体的演化过程中,由于沸腾作用和混合作用影响所引起的温度降低、pH值增大,是矿床中黄铜矿、辉钼矿等硫化物沉淀的主要原因。

四、矿床形成机制及成因

(一)矿床形成机制

成矿物质主要来源于喜马拉雅期中酸性浅成花岗斑岩及早二叠世蚀变玄武岩,铜矿化主要赋存于角闪化或矽卡岩化玄武岩中。成矿作用分4个阶段:岩浆晚期阶段硫化物逐渐富集于残余熔浆之中;高温气液阶段岩浆基本凝结,所析离的热液体和围岩发生接触交代形成矿化;高—中温阶段含矿热液体温度逐渐降低呈现液体,金属组分进一步浓集,矿化及蚀变强烈,钠质碱交代和碳酸根交代外接触带及外侧形成青磐岩化,并伴随有铜的析出;中—低温阶段含矿热液体在成分上由于无水及从围岩中和早先形成的矿体或矿化浸析出金属组分,形成绢云母化、碳酸盐化、高岭土化等,并伴随有黄铁矿、方铅矿、闪锌矿及黄铜矿的析出,偶尔可形成矿体,其空间分布总体来看,偏于外侧,成矿时代为喜马拉雅期。

(二)矿床成因

目前,本区铜(钼)矿床的成因主要有两种观点:一种认为是斑岩型矿床;另一种认为是浅成低温热液型矿床(陈文明等,2002)。近年来,通过对纳日贡玛、打古贡卡、陆日格等铜钼矿床实地观察及室内研究分析,认为它属于斑岩型铜钼矿床,主要依据有:①铜钼矿化与花岗斑岩有关,即矿体均产于花岗斑岩体内或者花岗斑岩与玄武岩接触带。②矿石具有细脉浸染状构造。浸染状构造主要表现为辉钼矿、黄铜矿、黄铁矿等硫化物在花岗斑岩、蚀变玄武岩及斑岩中的石英脉中呈星点状分布,其中辉钼矿为细小片状分布在英脉或蚀变花岗斑岩中;黄铜矿一般呈他形粒状,常与石英绢云母镶嵌在一起。③具有斑岩型矿床的热液蚀变,硅化、绢云母化最为发育,其次是青磐岩化,其他蚀变较弱且分布不普遍,与典型的斑岩型矿床的蚀变分带相比,本矿床缺少钾化带和泥岩化带,本矿床岩体内千枚岩化强烈,黄铁矿化分布广泛。钻探表明(青海省地质调查院,2009),岩体中心未见新鲜花岗斑岩和钾化带,这可能与本矿床剥蚀较浅有关,钾化带和新鲜岩石尚未出露,矿区千枚岩化带(黄铁绢云岩化带)大量发育的黄铁矿是斑岩铜矿床中常见的黄铁矿富集区,预示着在本矿区中部深处可能存在着富铜矿体。④矿脉的稀土元素特征及稀土分布模式与花岗斑岩比较一致,说明成矿元素可能主要来源于花岗斑岩。

因此,纳日贡玛、打古贡卡、陆日格等铜钼矿床铜钼矿化与花岗斑岩有关,矿石具有细脉浸染状构造,硅化、绢云母化最为发育,其次是青磐岩化,缺少钾化带和泥岩化带,矿脉的稀土元素地球化学特征、分布模式与花岗斑岩特征具一致性,显示为斑岩型铜钼矿床特征。

五、区域成矿模式

成矿模式是区域成矿规律研究的理论概括,经对本区斑岩型铜钼多金属矿综合分析可认识到:

(1)纳日贡玛、陆日格等铜钼矿床产于开心岭-杂多岛弧带中,北西西向囊谦深断裂带作为控岩、导矿构造,严格控制着区域斑岩体和矿床(点)的分布。矿区级北东向构造控制着成矿斑岩体和矿化分布,往往北东向与北西西向断裂的复合交会部位控制着矿体的定位,纳日贡玛矿床即产于北东向的纳日贡玛沟断裂与北西西向的格龙涌大断裂交会部位的北侧。

(2)矿床在空间、时间上及成因上与构造-岩浆活动的产物,即中—酸性侵入杂岩体有关,成矿作用特别是与中晚期岩浆侵入的斑岩体关系密切,矿化主要产于黑云母花岗斑岩及浅色细粒花岗斑岩中。因此,中酸性浅成含矿斑岩侵入体是纳日贡玛地区最重要的控矿因素。

(3)矿区内强烈发育的小型断裂-裂隙构造系统为热液和矿质活动、沉淀提供了有利的空间,从而为围岩蚀变和成矿作用提供了充分的发育条件。矿体围岩蚀变-含矿斑岩体围岩中发育了较强烈和规模较大的面型或面-线型蚀变,蚀变特征从花岗斑岩体至围岩有环带状分布的趋势,表现为斑岩型铜(钼)矿床蚀变特征。构造裂隙密集程度控制了铜钼矿化的强弱,矿化强度与裂隙密集程度成正相关系。因此,北北东向小型断-裂隙构造是十分重要的容矿构造。

(4)矿体围岩的物理、化学性质和结构构造对矿石成因类型和矿化的控制作用明显。本区含矿斑岩体围岩的主要岩性为中—基性的火山熔岩,包括玄武岩、安山岩以及凝灰岩等,哼赛青为碳酸盐岩和角砾岩。当围岩为渗透性差和性脆的硅铝质岩石时,可作为隔挡层而使上升的成矿热液不易散失,有利于矿液在岩体顶部和紧邻岩体围岩中聚集,岩体内以浸染状和细脉状矿化居多,而围岩中则以细脉状或细脉浸染状矿化居多;当围岩为碳酸盐岩时,矿化形式以交代为主,接触带具矽卡岩型矿化。

基于以上认识,初步认为本区成矿系统的理想模式如图3-6所示。

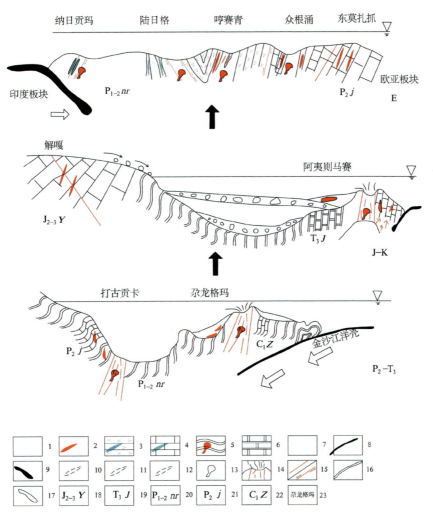

1.砂岩粉砂岩;2.砾岩;3.凝灰质碎屑岩;4.灰岩;5.变质岩;6.大理岩;7.花岗斑岩;8.安山岩;9.玄武岩;10.铜铅锌银复合矿体;11.铜矿体;12.钼矿体;13.上升岩浆;14.火山口;15.主要控矿、控岩断裂;16.俯冲洋壳;17.陆壳;18.中—晚侏罗世雁石坪群;19.晚三叠世甲丕拉组;20.早—中二叠世诺日巴尕日保组;21.中二叠世九十道班组;22.早石炭世杂多群;23.矿床(点)。

图 3-6 纳日贡玛地区斑岩型区域成矿模式图

第四章　成矿预测

第一节　区域找矿模型

通过对纳日贡玛地区地质构造背景、区域地质分析、地球物理特征、地球化学特征等资料的收集、总结、归纳，该区为新生代陆内碰撞、褶皱、推覆的造山体制下，产于喜马拉雅期斑岩体内部的斑岩型铜钼矿化，代表矿床有纳日贡玛、陆日格铜钼矿床。斑岩体与碳酸盐岩等围岩接触带的矽卡岩型铜多金属矿化(众根涌)及远离斑岩体的围岩中的中低温热液型铜多金属矿(块切弄沟脑、康羊能南沟脑等)形成了一个完整的与浅成酸性侵入岩有关的斑岩型铜多金属成矿系列，成矿主要元素为 Mo、Cu、Ag、Pb、Zn、Au 等。截至目前发现大型铜钼矿床 1 处，铜、钼、铅、锌等矿(化)点及矿化线索 31 处，铁矿点 1 处，煤矿点 1 处。成因类型主要为斑岩型、矽卡岩型，少量为热液型、沉积型、构造蚀变型等。不同矿种和不同类型的矿产，其控矿地质因素、找矿标志不同。这里主要建立以斑岩系列为主的斑岩型、矽卡岩型、热液型铜、钼矿床区域成矿模型。

(1)根据区内已有的成矿事实，矿床(点)主要处于乌兰乌拉-下拉秀陆缘带中的结多弧后前陆盆地与纳日贡玛-子曲岛弧带的接触带内。

(2)断裂构造系统控制富碱性岩浆侵位并由断裂系统所引起的浅部构造变形作用形成的局部拉张和应力释放，是成矿的岩浆流体分凝的必要条件。区内北北西向、北西向断裂控制了多金属矿化集中区及矿床的分布格局，因此该区斑岩—矽卡岩型铜钼多金属矿床与区域构造关系密切，处于区域北西向与东西向构造交接部位，同时也是北东向与北北西向构造发育地段，这种多方向构造的集中交会有利于含矿斑岩体的发育。

(3)赋矿斑岩体主要为黑云母二长花岗斑岩、石英二长花岗斑岩等，面积多在 $1km^2$ 左右。含矿斑岩为同期岩浆作用的产物，但经历多次侵入结晶作用；含矿斑岩蚀变发育，常见蚀变有钾长石化、硅化、高岭土化、青磐岩化、绢云母化等，具有斑岩铜矿的典型蚀变分带，但泥化带不发育。

(4)含矿斑岩岩体围岩的主要岩性为中—基性的火山熔岩，包括玄武岩、安山岩以及凝灰岩等，其中色的日为碳酸盐岩和角砾岩。当围岩为渗透性差和性脆的硅铝质岩石时，可作为隔挡层而使上升的成矿热液不易散失，有利于矿液在岩体顶部和紧邻岩体的围岩中聚集，岩体内以浸染状和细脉状矿化居多,而围岩中则以细脉状或细脉浸染状矿化居多;当围岩为碳酸盐岩时,矿化形式可以为交代,接触带具矽卡岩型矿化。

(5)含矿斑岩属于过铝质的高钾钙碱性—钾玄岩系列;与三江中段的玉龙成矿带及与冈底斯成矿带相比,岩石类型、岩石化学特征较为一致。

(6)与玉龙斑岩铜矿带相比,该区的含矿斑岩具有一致的岩石成因;印度-亚洲大陆的强烈碰撞使下地壳增厚,在碰撞后期热的软流圈物质上涌,诱发减压熔融,产生的地幔源岩浆上升底侵,形成厚达数千米的高密度含石榴石角闪岩镁铁质岩层,并发生强烈的壳幔物质的混染;下地壳的增厚,改变了地壳的热状态,使地热梯度增大,新生的底侵玄武质岩层在地壳增厚的情况下发生部分熔融,形成含矿岩浆。

(7)含矿斑岩地球化学特征及成矿成岩年龄表明,斑岩型铜钼多金属矿床为多期岩浆侵入作用成矿,陆日格斑岩钼矿成矿时间为(60.7±1.5)Ma(郝金华等,2013),为青藏高原隆起的印度板块与欧亚板块同碰撞造山阶段;而纳日贡玛成矿时间为(40.8±0.4)Ma(郭贵恩等,2010),为青藏高原陆陆碰撞的后碰撞阶段,与南部相邻的玉龙成矿带为同一期构造作用的产物。

(8)依据含矿岩浆侵入围岩的不同、斑岩成矿分带特征、成矿斑岩岩浆的演化不同阶段成矿等特点,斑岩型矿床表现为"多位一体"的斑岩成矿模式,暗示斑岩型铜钼矿床成矿的复杂性及巨大潜力。

(9)地球物理特征明显。斑岩铜钼矿床大多分布在重力梯度带、正负磁异常交界带、正的磁力背景下的负磁异常带等处。如纳日贡玛含矿斑岩体正好处于磁异常的负值区,当然这种明显的磁异常的获得是建立在具有较好的物性差异的前提下的。

(10)富含 Cu、Mo、Pb、Zn、Ag、W 等金属成矿元素的地球化学块体,化探异常与已知矿床的吻合性极强,对找矿的指示意义极为明显。

基于以上认识,结合地球物理、地球化学特征,总结矿床找矿模型如表 4-1 所示。

表 4-1 与中酸性侵入岩有关的斑岩、矽卡岩型铜、钼、铅锌矿床成矿预测模型

控矿地质条件与矿致异常	成矿预测因子	特征变量
地层条件	成矿有利地层	早—中二叠世开心岭群诺日巴尕日保组
构造条件	成矿有利方位的断裂	北西西向深大走滑断裂控制了中酸性侵入岩的侵位,为本区主要含矿、控矿断裂
	成矿有利部位	次级断裂一般为容矿断裂。构造对该类型矿点的影响域一般均小于 2km,断裂的密集区及断裂交会部位往往是矿化相对较为富集的部位

续表 4-1

控矿地质条件与矿致异常	成矿预测因子	特征变量
岩浆岩条件	成矿有利岩性	浅成中酸性侵入岩,为以黑云母花岗斑岩和浅色细粒花岗斑岩、石英闪长玢岩为主的浅成—超浅成复式岩体
	地球化学推断岩体	推断中酸性侵入岩
	地球物理推断岩体	重磁推断岩体
	侵入岩时代	喜马拉雅期
	岩体出露面积	出露面积一般小于 $2km^2$
	接触带蚀变特征	含矿斑岩蚀变发育,常见蚀变有钾长石化、硅化、高岭土化、青磐岩化、绢云母化等,硅化、绢云母化与钼矿关系密切,蚀变面积一般为岩体面积的数倍,并具环带分布特点
地球化学异常	异常与矿化位置关系	理论上讲,地球化学异常应与产出相同元素的矿床有理想的对应关系,但由于地球化学异常"漂移"现象的存在,使得矿点与地球化学异常之间的对应性大大减弱。大量出现的"假异常"和有矿化无异常现象的主要原因就在于此。因而在判定地球化学异常能否很好地作为预测因子,就要研究其异常与矿床(点)的关系,以确定异常的预测有效性以及异常的"漂移"距离,达到最有效的预测效果。从矿点与地球化学异常距离统计(图 4-1)可以得出,与中酸性侵入岩有关的矿床的几种异常都与矿床(点)存在着很强的空间相关性,因此这几种异常均可作为成矿预测的因子。从图 4-1 中可以看出,与铜钼矿床(点)有关的异常漂移距离在 1km 范围内,可作为一种预测标志
	单元素异常	Cu 异常
		Mo 异常
	异常的元素组合	以 Cu、Mo、Pb、Zn、Ag 为主元素,组合元素以 Bi、W、Au、As、Sb 等为主
	主要元素异常形态特征	不规则状、串珠状。各元素呈似同心圆状,浓度分带明显
	其他特征	Cu、Pb、Zn 等元素大致具有同消长关系,而 Cu 与 Mo 为反消长关系
地球物理异常	重力异常	重力梯度带
	航磁异常	低磁梯度带
	地磁异常	磁异常形不规则,正负相伴,异常幅值在 $-500\sim1000nT$ 之间,梯度变化大,剖面曲线呈尖峰状、锯齿状。斑岩体边界 ΔT 一般表现为零值。一般矿床均赋存于磁异常梯度变化附近
	激电异常	高极化率(频散率)异常基本对应于玄武岩与花岗斑岩的接触带部位,花岗斑岩基本对应高阻异常

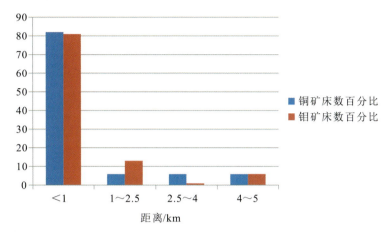

图 4-1 与中酸性侵入岩有关的矿床与铜钼异常距离统计图

第二节 远景区划分

一、划分依据

据《中国矿产地质志·青海卷》(2020)研究成果,纳日贡玛地区属于纳日贡玛-陆日格 Cu-Mo 矿集区内(Ⅴ级),本次成矿远景区(Ⅵ级)圈定的依据主要从区域上展开,在研究区域成矿带、化探异常、高精度磁测异常等的基础上,确定预找矿种,根据区内圈定的综合异常的特征,结合区域控矿、容矿构造以及以往工作中确定的矿致异常、发现的矿(化)点,圈定出具有进一步工作价值的成矿有利地段,充分体现出矿点—矿致异常—区域化探异常等以点带面、面中求点的指导思想,为今后该区的找矿工作奠定基础。

二、划分原则

Ⅰ级:成矿地质条件优越,矿产信息强,异常反映变化突出,找矿标志明显,有较大的潜在矿产资源,有进一步评价的地区。

Ⅱ级:成矿地质条件有利,矿化信息明显,局部有已知的矿(化)分布,有异常反映,找矿标志明显地区。

Ⅲ级:具备有利的地质条件,具有成矿潜力,并有一些找矿线索,但矿化显示较弱地区。

根据区域成矿地质背景,结合该区矿产分布、地物化成矿信息的综合研究,以及以上原则圈定4处成矿远景区,其中Ⅰ级2处,Ⅱ和Ⅲ级各1处(图4-2)。

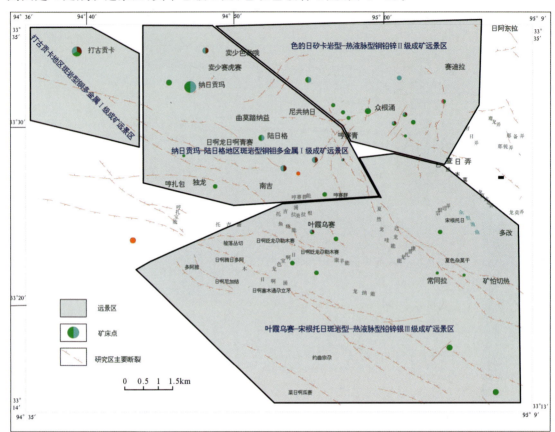

图4-2 纳日贡玛地区成矿远景区分布图

三、成矿远景区特征

(一)打古贡卡地区斑岩型铜多金属Ⅰ级成矿远景区

打古贡卡成矿斑岩体为印支期,与本区主要成矿期即喜马拉雅期为不同期次岩浆成矿,故本次圈定远景区时与纳日贡玛分割开来。

区内印支期花岗斑岩零星分布,在打古贡卡AS04异常岩体出露面积约2.37km²,AS05及外围均以岩脉的形式出现,其围岩主要为二叠纪开心领群诺日巴尕日保组火山岩段。区内圈定的3处1∶5万水系异常,元素组合均为Cu、Pb、Zn、Ag,具有典型浅成热液矿床特征。1∶1万高磁测量在区内圈定了异常7处,其中M1、M7异常与已圈定的AS04-MⅡ矿体和AS05-MⅡ、MⅢ矿体对应,其负异常反映了深部斑岩体的展布特征,已证实为矿致异常,M2、M3异常初步推测深部有斑岩体存在,打古贡卡已发现矿化体均与正负磁异常梯度变化带对应,和纳日贡玛特征一致,且区内已发现的打古贡卡矿区目前工作程度较低,仅达到调查评价的末期阶段,但其铜铅锌资源量已达中型规模,受各方面因素限制,工作程度还很低。综上所述,说明本区寻找深部隐伏斑岩型铜钼矿的潜力较大,具有进一步工作价值。

(二)纳日贡玛—陆日格地区斑岩型铜钼多金属Ⅰ级成矿远景区

该远景区以纳日贡玛斑岩型矿床、陆日格斑岩型铜钼矿区为中心,区域上以诺日巴尕日保组火山岩段和碎屑岩段分界断裂为格架(西起纳日俄玛,东至哼赛群一带),东西延伸约15km。区内圈定1∶5万水系沉积物综合异常24处,元素组合在纳日贡玛及陆日格以Cu、Mo为主,其外围以Cu、Pb、Zn、Ag为主,紧邻诺日巴尕日保组火山岩段和碎屑岩段分界断裂呈串珠状分布,也再次证明北西向断裂对本区成矿作用的重要性。区内喜马拉雅期斑岩体发育,在不同的围岩条件下形成了不同成矿类型的Cu、Mo、Pb、Zn、Ag等矿种,相对来说剥蚀程度稍高一些,且区内已有纳日贡玛、陆日格等11处矿床(点),矿化较为集中。该远景区以往勘查工作中纳日贡玛及陆日格矿区工作程度较高,其外围工作程度仅限地表粗略检查工作,研究认为该远景区成矿潜力较大。

(三)色的日矽卡岩型-热液脉型铜铅锌Ⅱ级成矿远景区

色的日岩体无论在成岩年龄还是岩石地球化学方面,均与纳日贡玛岩体极为相似,应为同源岩浆,但该岩性以斑状二长花岗岩和正长花岗岩为主,为深成岩类,与纳日贡玛有所区别,是本次划分的主要依据。

该远景区成矿与围岩条件关系密切,围岩为火山岩及碎屑岩时,主要为热液脉型矿化产出,如托吉涌沟脑铜钼矿化点、色的日钼矿化点、查日涌铜矿化点,均为热液脉型矿化的典型代表;围岩为碳酸盐岩时,成矿类型以矽卡岩型为主,如众根涌沟脑西沟脑、众根涌沟脑西沟南、众根涌铜矿点、穷日弄铜钼矿化点、乌葱察别多金属矿化点等,均是该类型矿产的典型代表。在色的日岩体周边,无论是以火山岩还是碳酸盐岩、碎屑岩为围岩,均有成矿事实,充分证明在该岩体成矿的良好地质背景。同时,色的日岩体出露面积约40.85km^2,岩体周长达到50余千米,结合圈定1∶5万水系沉积物综合异常20处,磁异常5处,已发现多金属矿(化)点11处,成矿事实清楚,但工作程度很低,从上述分析研究认为该远景区具有较好的成矿地质条件和找矿有利地段,尤其重点注意斑岩体内部寻找斑岩型Cu、Mo矿产,沿岩体接触带以Cu、Pb、Zn多金属矽卡岩型-热液型矿产最具潜力,有望取得进一步突破。

(四)叶霞乌赛—宋根托日斑岩型-热液脉型铅锌银Ⅲ级成矿远景区

该远景区属于纳日贡玛—陆日格的外围,成矿类型多以热液脉型为主,在1∶5万主要元素地球化学图上显示出本区整体异常强度弱于纳日贡玛—陆日格地区,且主要元素组合有从中高温向中低温渐变的趋势。另外本区构造格架清晰,1∶5万水系沉积物综合异常较严格地受到北西西向断裂构造控制,异常总是沿着这两条主构造呈串珠状分布。

区内断裂构造发育,北西西向主干断裂严格控制了地层及水系异常的分布,是本区的主要控矿、含矿构造;本区岩浆活动较弱,仅在鱼晓能南部见有少量始新世花岗斑岩脉出露,花岗斑岩脉延伸长度 4km 左右,大量以 Sb、Au、Ag、As 为主元素的 1∶5 万水系异常在该区富集,代表了中低温元素组合,也是较低剥蚀程度的一种体现;1∶5 万水系沉积物在本区圈定综合异常 57 处,元素组合较为复杂,总体上以 Pb、Zn、Ag、Au、Sb、Cu 为主,展现出低温-中高温元素组合,异常总体围绕断裂带呈串珠状分布,构造控矿作用明显。1∶5 万地磁测量在达龙能北侧推测深部隐伏岩体 2 处,推测的隐伏岩体周边主要为 Mo、Ag 异常分布。该远景区内发现各类矿化点 9 处,工作程度较低,具有一定的找矿价值。

该远景区各类矿化点产于破碎带中,对围岩几乎没有选择性,充分说明了该区成矿应与岩浆作用关系密切,岩浆热液是本区的主要成矿物源,断裂构造只是作为通道提供了富集的场所,与各地层的元素丰度关系不大,符合本区主要为新生代成矿的结论。

第三节 靶区圈定

一、靶区圈定的原则依据

A 类:成矿地质条件有利,物、化、遥异常强度高、各元素套合好、浓集趋势明显,反映出较好的找矿前景,并有一定成矿事实,有望找到中—大型矿床的靶区。

B 类:成矿地质条件良好,矿化显示较好,物、化、遥信息说明成矿有利地区。有一定资料依据,有较好找矿前景和资源潜力,有望找到以中小型为主矿床的靶区。

C 类:具有一定成矿地质条件,有矿化显示或有较好的物、化、遥等异常,但资料依据不充分,斑岩型铜钼矿床资源潜力不明,主要用于提供异常查证或矿产检查的靶区。

基于以上对成矿模式及找矿模型的探讨,结合地物、化、遥特征,依据靶区圈定原则,本次在纳日贡玛地区圈定出找矿靶区 17 处,其中 A 类铜钼矿找矿靶区 5 处,B 类铜钼矿找矿靶区 4 处,C 类铜钼矿找矿靶区 2 处(表 4-2,图 4-3);A 类铅锌矿找矿靶区 2 处,C 类铅锌矿找矿靶区 1 处,C 类钼矿找矿靶区 3 处(图 4-3,表 4-3)。

表 4-2 纳日贡玛地区铜钼矿找矿靶区一览表

编号	靶区名称	面积/km²	编号	靶区名称	面积/km²
BQA1	打古贡卡	24.04	BQB2	托吉涌沟脑	38.3
BQA2	纳日贡玛及其外围	29.8	BQB3	穷日弄	41.2
BQA3	陆日格	54.37	BQB4	块切弄沟脑	108
BQA6	叶霞乌赛	69	BQC1	格龙尕纳	40
BQA7	宋根托日	100	BQC2	日啊龙啊群	50.6
BQB1	的茸能	24.94			

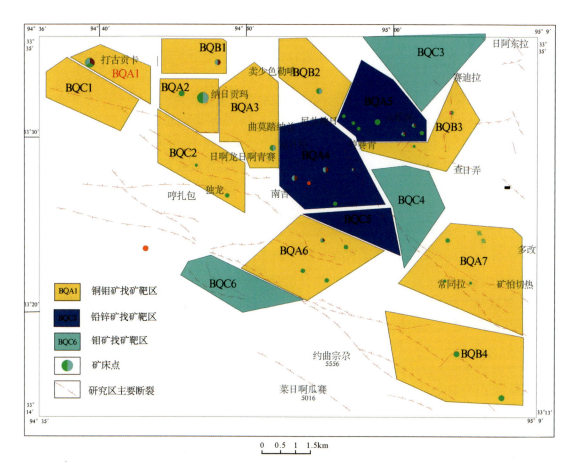

图4-3 纳日贡玛地区铜多金属矿找矿靶区分布图

表4-3 纳日贡玛地区铅锌、钼矿找矿靶区一览表

编号	靶区名称	面积/km²	主矿种	编号	靶区名称	面积/km²	主矿种
BQA4	哼赛青	76.8	铅锌	BQC3	迪拉亿	54.4	钼
BQA5	众根涌	52.2	铅锌	BQC4	达龙能	41.9	钼
BQC5	夏然龙哇	23.9	铅锌	BQC6	尕立牙	36.3	钼

二、主要靶区特征

本次圈定 A 类靶区 7 处,其中铜钼矿找矿靶区 5 处为打古贡卡(BQA1)、纳日贡玛及其外围(BQA2)、陆日格(BQA3)、叶霞乌赛(BQA6)、宋根托日(BQA7),A 类铅锌找矿靶区 2 处为哼赛青(BQA4)和众根涌(BQA5)。下面将对 A 类找矿靶区特征进行简要叙述。

1. 打古贡卡斑岩型铜钼矿找矿靶区(BQA1)

靶区内已发现的成矿事实主要有打古贡卡矿区,矿区仅开展了初步检查工作,目前工作程度较低,仅达到预查末期阶段,但矿区铜铅锌资源量已达中型规模。其特征在典型矿床一节中已详细描述,这里不再赘述。

通过本次综合研究认为,AS04异常区内已圈定斑岩体规模均较小,且磁异常不典型,可能反映矿区斑岩体规模较小,并以岩脉或岩床为主。矿体沿走向延伸应该受到斑岩体本身的限制,规模不大;AS05异常区内尽管圈定的斑岩体规模较小,但斑岩脉体分布较为集中,且非常密集。进一步表明,深部有较大规模的热源体存在,深地表脉岩群发育暗示了本区极为发育的破裂系统,地表发育规模较小的斑岩脉体证明良好的围岩条件及封闭性。1:1万高精度磁法异常特征显示,矿区在南东、北东两个方向仍有大面积负磁异常显示。因此靶区内具有寻找深部隐伏斑岩型铜钼矿的巨大潜力。

2. 纳日贡玛及其外围斑岩型铜钼矿找矿靶区(BQA2)

靶区内出露的地层为早—中二叠世诺日巴尕日保组,主要为一套海相基性—中基性火山岩,也是区域上的主要含矿地层。侵入岩主要是黑云母二长花岗斑岩、细粒花岗斑岩、石英闪长玢岩等构成复式岩体。该斑岩体与矿关系密切。北西向、北东向断裂发育,是区内的控矿、容矿构造,区内硅化、钾化等蚀变强。

1:5万水系沉积物异常面积大、各元素套合程度好、浓集趋势明显,具有斑岩型铜钼矿床化探异常组合特征;且具较高套合程度,同已知矿化信息分布吻合;1:5万高精度磁测圈定纳日贡玛M3异常范围与斑岩体出露部位及已知成矿事实具有良好的一致性。该靶区具有较好的成矿地质条件和找矿有利地段,矿化信息丰富,有纳日贡玛铜钼斑岩型矿床、纳日俄玛铜矿化点等,主要为以纳日贡玛斑岩为中心的斑岩型矿产,次为斑岩体边缘及外围的矽卡岩型铜多金属矿产。与同一成矿带的玉龙特大型斑岩型铜矿床的成矿地质条件、异常特征等进行比对分析(表4-4),该矿床有望达到大型铜矿床,特大型钼矿床。

3. 陆日格斑岩型铜钼矿找矿靶区(BQA3)

靶区内主体出露早—中二叠世诺日巴尕日保火山岩段,区内北西西向及北东向断裂交错发育,其中北东向断裂具有明显的后存特征。古新世花岗闪长斑岩在区内呈岩株状、岩脉状分布,在空间上严格受北东向及北西西向两组断裂的控制,是本区的主要成矿母岩。1:5万水系沉积物测量在区内圈定以Ag、Mo等为主元素的综合异常9处,元素组合以Ag、Mo、Cu、Zn、Au为主,各元素峰值分别达到2124×10^{-9}、270×10^{-6}、1075×10^{-6}、1875×10^{-6}、199.9×10^{-9},异常总体显示出规模大、强度高等特点;1:1万高磁显示出围岩和含矿斑岩体具有很好的物性差异条件,矿化往往富集于正负异常的接触带上,这对进一步找矿预测奠定了良好的基础。

目前已圈定钼矿化带2条,钼矿体21条,其中隐伏矿体15条,成矿事实清楚。初步研究认为,已发现深部含矿隐伏斑岩体基本存在从北往南埋藏逐渐加深的趋势,钼矿体多赋存在斑岩体及岩体外接触带中,显示出斑岩型矿床特征,与同一成矿带的玉龙特大型斑岩型铜矿床的成矿地质条件、异常特征等进行比对分析(表4-4),该矿床有望达到中型矿床。

表 4-4 纳日贡玛地区主要斑岩型系列矿床与玉龙斑岩型矿床特征对比远景分析表

矿床	玉龙铜矿	纳日贡玛	陆日格	哞篌青	众根涌
构造位置	金沙江断裂西侧、玉龙背斜倾伏端轴部、温泉断裂西侧多组构造交会处	金沙江断裂西侧、昂纳涌背斜南翼、格龙涌断裂北侧、北东向次级断裂交汇处	金沙江断裂西侧、格龙涌断裂北侧、纳日贡玛南、北西向次级断裂发育	金沙江断裂西侧、格龙涌断裂北侧、纳日贡玛南、北东向次级断裂发育	金沙江断裂西侧、格龙涌断裂北侧
围岩	上三叠统灰岩、砂岩、泥岩、粉砂岩	下三叠统安山岩、玄武安山岩	下三叠统安山岩、玄武安山岩	下石炭统碎屑岩、灰岩	下二叠统碳酸盐岩、火山碎屑岩
侵入岩	黑云母二长花岗岩、石英二长斑岩	黑云母花岗斑岩	黑云母花岗斑岩	花岗闪长斑岩	二长花岗岩
侵入时代	喜马拉雅早期	喜马拉雅早期	喜马拉雅早期	喜马拉雅早期	燕山期
岩体特征	岩株状产出	向北倾伏的岩株小岩体呈⌐状	隐伏产出、地表呈条状椭圆状	岩株或小岩体、形状不规则	大面积岩体
岩体面积	0.64km²	2.01km²	0.03km²	4.86km²	40.85km²
蚀变	岩体中钾长石化、硅化、绢云母—高岭土化、电气石化、接触带泥化、角岩化、周岩中青磐岩化	岩体中钾长石化、硅化、黑云母化、石英—绢云母化、高岭土化及甲化、接触带黄铁矿化、周岩中青磐岩化	岩体中高岭土—绢云母化、硅化及甲化、周岩绢云母化、角岩化	岩体中硅化—绢云母化及高岭土化、周岩角岩化、角岩化	岩体普遍硅化、绢云母化、高岭土化、砂卡岩化、大理岩化
矿化	黄铜矿、辉钼矿、黄铁矿	黄铜矿、辉钼矿、黄铁矿	黄铜矿、辉钼矿、黄铁矿	黄铜矿、方铅矿、闪锌矿、黄铁矿	黄铜矿、方铅矿、闪锌矿、黄铁矿
异常元素组合	以 Cu、Mo 为主、套合有 Fe、W、Au、Ag、Pb、Zn、Ni、Co	以 Cu、Mo、Ag 为主、套合 W、Pb、Zn、Au、Sn、Bi	以 Cu、Mo、Pb、W、Ag 为主、套合 Zn、Au、Sn、Sb、Bi	以 Cu、Mo、Pb、W、Ag 为主、套合 Zn、Au、Sn、Sb、Bi	以 Mo 为主、其次为 Cu、W、Ag、Pb、Zn

表 4-4

矿床	玉龙铜矿	纳日贡玛	陆日格	哞篓青	众根涌
异常规模	土壤 Cu 大于 $100×10^{-6}$，面积 $10km^2$；Mo 大于 $200×10^{-6}$，面积 $2.30km^2$	水系 Cu 大于 $80×10^{-6}$，面积 $7.9km^2$；Mo 大于 $5×10^{-6}$，面积 $2km^2$	水系 Cu 大于 $80×10^{-6}$，面积 $0.7km^2$（陆日格）10^{-6}，面积 $36.4km^2$	水系 Cu 大于 $80×10^{-6}$，面积 $15.7km^2$；Mo 大于 $5×10^{-6}$，面积 $50×10^{-6}$；Pb 大于 $50×10^{-6}$	水系 Cu 大于 $80×10^{-6}$，面积 $12.6km^2$；Mo 大于 $5×10^{-6}$，面积 $14km^2$
成因类型	斑岩型	斑岩型	斑岩型	斑岩型	矽卡岩型
工作程度	勘探	详查	普查	矿点检查	矿点检查
矿床规模	特大型（远景资源量 Cu $1000×10^4$ t）	中型铜矿床，大型钼矿床	Mo $6×10^3$ t	铅锌矿体 3 条	5 条铜矿体
远景评价	有望达到大型铜矿床、特大型钼矿床	有望达到大型铜矿床、特大型钼矿床	有望达到中型矿床	有望达到小型矿床	有望达到小型矿床

4. 叶霞乌赛斑岩型-热液脉型铜钼找矿靶区（BQA6）

靶区内早—中二叠世诺日巴尕日保组碎屑岩段大面积出露，此外在靶区西侧见有少量诺日巴尕日保火山岩段和晚三叠世甲丕拉组出露，两者呈角度不整合接触。值得一提的是在靶区中部见有北西西向花岗斑岩脉沿断裂呈串珠状分布，目前对它的研究程度很低；区内构造以北西西向断裂为主，严格地控制了区内地层及1∶5万水系沉积物综合异常的分布；1∶5万水系沉积物测量在区内圈定以 Ag、Sb、As、Au 为组合元素的综合异常5处，异常主体与靶区中部出露的斑岩脉关系密切，具有形成斑岩型-热液脉型矿产的潜力，Pb、Zn、Ag 元素峰值分别达到 $856×10^{-6}$、$6880×10^{-6}$、$1794×10^{-9}$；1∶5万地面高精度磁法测量在区内圈定1处磁异常，初步推测与诺日巴尕日保组中的玄武岩夹层有关。

靶区内已有叶霞乌赛等4处铜多金属矿（化）点，其中叶霞乌赛通过初步检查已发现较具规模的矿体，成矿事实清楚。靶区中部出露的花岗斑岩脉与本区矿化的关系尚不清楚，初步推测目前发现的矿化应属斑岩型成矿系统外围的热液脉型矿化的体系，本区具有寻找斑岩型-热液脉型矿床的潜力。

5. 宋根托日热液脉型铜钼找矿靶区（BQA7）

靶区内主体出露早—中二叠世诺日巴尕日保火山岩段、碎屑岩段和中二叠世九十道班组地层，两者呈断层接触。区内构造以北西西向断裂为主，严格地控制了区内地层及1∶5万水系沉积物综合异常的分布；1∶5万水系沉积物测量在区内圈定以 Mo、Sb、Ag 为主元素的综合异常18处，元素组合多为 Cu、Pb、Zn、Ag、Au、Sb 等，以中低温为特点，异常总体沿九十道班组和诺日巴尕日保组的断裂接触部位呈带状展布，Pb、Zn、Ag、Au 元素峰值分别达到 $2880×10^{-6}$、$1070×10^{-6}$、$2845×10^{-9}$、$28.2×10^{-9}$；1∶5万地面高精度磁法测量在区内圈定2处磁异常，初步推测与诺日巴尕日保组中的玄武岩夹层有关。

区内已有宋根托日铜矿点以及常同拉和常通弄北2处铜矿化点，其中宋根托日铜矿点已具规模，成矿事实清楚。已发现的矿点与1∶5万水系沉积物对应性较差，18处综合异常基本没有开展查证工作，工作程度很低，找矿空间很大，具有进一步探索的必要。

6. 哼赛青矽卡岩型-斑岩型铅锌找矿靶区（BQA4）

靶区内主要出露早石炭世杂多群碎屑岩组和碳酸盐岩组，在靶区西侧有少量早—中二叠世九十道班组碳酸盐岩段出露，具有形成矽卡岩型矿产的良好围岩条件。区内以北东向断裂为主要控矿（岩）构造，北西西向次之，目前看来北西西向和北东向断裂的交会部位仍然为哼赛青岩体的主要侵位通道，哼赛青岩体与陆日格含矿斑岩体具有一定的相似性。1∶5万水系沉积物测量在区内圈定综合异常13处，元素组合以 Pb、Zn、Au、Ag、Sb 为主，这些异常多沿古新世花岗闪长斑岩与围岩的接触带分布，各元素峰值分别达到 $1335×10^{-6}$、$2330×10^{-6}$、$12.4×10^{-9}$、$2376×10^{-9}$、$632×10^{-6}$，异常总体显示出规模大、强度高等特点，特别是 Ag 异常大于 $1000×10^{-9}$ 的呈面状、带状分布；1∶5万地面高精度磁法测量在区内推测出隐伏岩体3处，与已有 HS50、HS63 异常比较对应，是进一步检查的重点区域之一。

区内除已有哼赛青铅锌银矿点之外，尚有4处铜铅锌银矿（化）点，成矿信息非常丰富，整体来说,区内矽卡岩型矿化特征非常明显,显示了矿化富集程度较高,主成矿元素品位高、元素种类多等特点,目前哼赛青岩体还需进一步解体,是否具有斑岩型成矿仍需进一步查证,所以在本区的主攻成矿类型中应把斑岩型作为主要兼顾的方向。

7. 众根涌矽卡岩型-斑岩型铜铅锌找矿靶区(BQA5)

靶区内主体出露早—中二叠世诺日巴尕日保火山岩段,值得一提的是在靶区南侧有少量的九十道班组碳酸盐岩段,该套地层与色的日岩体的接触带形成了大量的矽卡岩,是本区的主要赋矿层位。区内北西西向及北东向断裂极为发育,其中北东向断裂具有明显的后存特征。色的日岩体呈岩基状出露,岩石组合为似斑状花岗岩类,表现出了深成岩的特点,初步认为该岩体与纳日贡玛岩体为同源岩浆(两者 U-Pb 年龄均为 40Ma 左右),只是剥蚀程度相对较高。1∶5 万水系沉积物测量在靶区内圈定综合异常 4 处,水系异常总体反映一般,可能与靶区北部大面积冰川覆盖有一定关系;1∶5 万地面高精度磁法测量在区内推测出隐伏岩体 5 处,特别是在靶区南侧 HS35、HS41、HS43 异常范围内推测出的岩体,在进一步成矿预测中具有很好的指示意义。

区内除已发现的众根涌、乌葱察别铜铅锌银矿点之外,尚有 5 处以铜铅锌银为主的矿(化)点,成矿多以矽卡岩型为主,成矿信息丰富,事实清楚。整体来说,区内矽卡岩型矿化特征非常明显,显示了矿化富集程度较高,主成矿元素品位高、元素种类多等特点,目前色的日岩体还需进一步解体,是否具有斑岩型成矿仍需进一步查证,所以在本区的主攻成矿类型中应把斑岩型作为主要兼顾的方向。

主要参考文献

白云,唐菊兴,郭文铂,等,2007.纳日贡玛铜(钼)矿床地质特征及成矿作用初探[J].矿业快报,23(4):75-78.

曹冲,申萍,2018.斑岩型钼矿床研究进展与问题[J].地质论评,64(2):477-497.

陈建平,潘彤,郝金华,等,2010.青海"三江"北段铜多金属矿床成矿规律与成矿预测[M].北京:地质出版社.

陈建平,唐菊兴,陈勇,等,2008.西南三江北段纳日贡玛铜钼矿床地质特征与成矿模式[J].现代地质,24(1):9-18.

陈文,张彦,陈克龙,等,2005.青海玉树哈秀岩体成因及$^{40}Ar/^{39}Ar$年代学研究[J].岩石矿物学杂志,24(5):393-396.

陈文明,盛继福,曲晓明,2002.西藏玉龙斑岩铜矿含矿斑岩中石英斑晶的成因[J].矿床地质,21(S1):365-368.

陈向阳,栗亚芝,张雨莲,等,2013.三江北段纳日贡玛斜长花岗斑岩的年代学及地质意义[J].西北地质,46(4):49-57.

陈毓川,2022.八论矿床的成矿系列[J].地质学报,96(1):123-130.

邓晋福,罗照华,苏尚国,2009.岩石成因、构造环境与成矿作用[M].北京:地质出版社.

邓万明,孙宏娟,1998.青藏北部板内火山岩的同位素地球化学与源区特征[J].地学前缘,5(4):307-317.

邓万明,孙宏娟,1999.青藏高原新生代火山活动与高原隆升关系[J].地质评论,45(7):952-958.

邓万明,孙宏娟,张玉泉,2001.囊谦盆地新生代钾质火山岩成因岩石学研究[J].地质科学,36(3):304-318.

高兰,肖克炎,丛源,等,2016.西南三江锌铅银铜锑金成矿带成矿特征及资源潜力[J].地质学报,90(7):1650-1667.

高延林,2000.青藏高原古洋壳恢复与重建问题讨论[J].青海地质,17(3):1-8.

郭贵恩,马彦青,王涛,等,2010.纳日贡玛含矿斑岩体形成机制及其成矿模式分析[J].西北地质,43(3):28-35.

郝金华,陈建平,董庆吉,等,2010.青海三江北段陆日格含矿斑岩地球化学特征及其地质意义[J].岩石矿物地球化学通报,29(4):328-339.

郝金华,陈建平,董庆吉,等,2011.青海三江北段斑岩钼铜矿带含矿斑岩地球化学、Sr-

Nd-Pb同位素特征及地质意义[J].岩石矿物学杂志,30(3)27-437.

郝金华,陈建平,董庆吉,等,2012.青海省纳日贡玛斑岩钼铜矿床成矿花岗斑岩锆石La-ICP-MS U-Pb定年及地质意义[J].现代地质,26(1):45-53.

郝金华,陈建平,董庆吉,等,2013.青海西南三江北段早古新世成岩、成矿事件:陆日格斑岩钼矿La-ICP-MS锆石U-Pb和辉钼矿Re-Os定年[J].地质学报,87(2):227-239.

侯增谦,2004.斑岩Cu-Mo-Au矿床:新认识与新进展[J].地学前缘,11(1):131-144.

侯增谦,唐菊兴,李葆华,等,2006.青藏高原碰撞造山带成矿作用:构造背景、时空分布和主要类型[J].中国地质,33(2):542-611.

侯增谦,王二七,莫宣学,等,2008.青藏高原碰撞造山与成矿作用[M].北京:地质出版社.

侯增谦,严兆彬,杜后发,等,2009.青海玉树地区第三纪盆地原型及其演化[J].大地构造与成矿学,33(4):520-528.

康继祖,李兄,2012.磁法测量在青海省纳日贡玛地区找矿中的应用[J].河南科技(08X):53-65.

康继祖,张玉宝,何晓志,等,2012.青海南部地区MVT型铅锌矿找矿潜力分析[J].中国矿业,20(1):72-74.

李保华,唐菊兴,董树义,2007.纳日贡玛铜钼矿床包裹体研究及其地质意义[J].矿床地质,25(S1):407-410.

栗亚芝,宋忠宝,杜玉良,等,2012.纳日贡玛斑岩型铜钼矿与玉龙斑岩铜矿成矿特征对比研究[J].西北地质,45(1):149-158.

刘增乾,1988.青藏高原及邻区地质图(比例尺1:500 000)[M].北京:地质出版社.

刘增乾,李兴振,叶庆同,等,1993.三江地区构造岩浆带的划分与矿产分布规律[M].北京:地质出版社.

刘增铁,任家琪,2008.青海省铜矿主要类型及找矿方向研究[M].北京:地质出版社.

莫宣学,路凤香,沈上越,等,1993.三江特提斯火山作用与成矿[M].北京:地质出版社.

莫宣学,潘桂棠,2006.从特提斯到青藏高原形成:构造-岩浆事件的约束[J].地学前缘,13(6):43-51.

南征兵,2006.青海省纳日贡玛斑岩铜矿带成矿规律及找矿方向研究[D].成都:成都理工大学.

南征兵,莫宣学,杨志明,2005.青海纳日贡玛斑岩铜矿流体包裹体地球化学特征[J].新疆地质,23(4):373-377.

南征兵,唐菊兴,李葆华,2007.青海省纳日贡玛斑岩铜钼矿成矿物源分析[J].矿业研究与开发,27(5):1-3.

潘桂棠,肖庆辉,陆松年,等,2009.中国大地构造单元划分[J].地质通报,36(1):1-28.

青海省地质调查院,2005.1:25万I46C003004治多县幅区域地质调查报告[R].西宁:

青海省地质调查院.

青海省地质调查院,2008,青海省赵卡隆—小苏莽地区1∶5万四幅地质矿产调查报告[R].西宁:青海省地质调查院.

青海省地质调查院,2008.青海纳日贡玛—拉美曲地区矿产远景调查报告[R].西宁:青海省地质调查院.

青海省地质调查院,2009.青海省杂多县打古贡卡铜多金属矿普查报告[R].西宁:青海省地质调查院.

青海省地质调查院,2016.青海省杂多县纳日贡玛地区铜钼矿整装勘查区找矿部署研究报告[R].西宁:青海省地质调查院.

青海省地质矿产局第二区域地质调查队,1982.1∶20万杂多县幅区域地质地质调查报告[R].西宁:青海省地质矿产局第二区域地质调查队.

青海省地质矿产局第二区域地质调查队,1983.1∶20万治多县幅区域地质地质调查报告[R].西宁:青海省地质矿产局第二区域地质调查队.

宋忠宝,贾群子,陈向阳,等,2011.三江北段纳日贡玛花岗闪长斑岩成岩时代的确定及地质意义[J].地球学报,32(2):154-168.

唐菊兴,钟康惠,刘肇昌,等,2006.藏东缘昌都大型复合盆地喜马拉雅期陆内造山与成矿作用[J].地质学报,80(9):1364-1376.

王毅智,祁生胜,安守文,等,2007.青海南部杂多地区超镁铁质—镁铁质岩石的特征及Ar-Ar定年[J].地质通报,26(6):668-674.

王召林,侯增谦,杨竹森,等,2009.青海杂多地区新生代构造特征与两种类型矿床的关系[J].矿床地质,28(2):157-169.

王召林,杨志明,杨竹森,等,2008.纳日贡玛斑岩钼铜矿床:玉龙铜矿带的北延:来自辉钼矿Re-Os同位素年龄的证据[J].岩石学报,24(3):503-510.

魏成,王瑞,雷小林,2012.斑岩铜矿研究现状与进展[J].矿床地质,31(S1):371-372.

吴福元,李献华,郑永飞,等.2007.Lu-Hf同位素体系及其岩石学应用[J].岩石学报,23(2):185-220.

徐志刚,陈毓川,王登红,等,2008.中国成矿区带划分方案[M].北京:地质出版社.

薛万文,王秉璋,张金明,等,2020.青海杂多打古贡卡印支期含矿斑岩体的发现及其地质意义[J].西北地质,53(1):57-65.

杨超,陈星辉,赵晓波,2020.斑岩铜矿研究进展兼论中国斑岩铜矿勘查现状及潜力[J].陕西地质,76(02):25-38.

杨延兴,2012.青海阿多—拉沟赛地区地质矿产调查报告[R].西宁:青海省地质调查院.

杨志明,侯增谦,杨竹森,等,2008.青海纳日贡玛斑岩钼(铜)矿床:岩石成因及构造控制[J].岩石学报,24(3):489-502.

詹小飞,2022.三江北段玉树地区构造岩浆演化和铜多金属成矿作用[D].武汉:中国地质大学(武汉).

张旗,1992. 镁铁—超镁铁岩与威尔逊旋回[J]. 岩石学报,8(02):168-176.

张宗祥,郑娇,2015. 我国斑岩铜矿床分布特征及研究进展[J]. 现代矿业,556(8):76-81.

NIELSEN R L,1968. Hypogene texture and mineral zoning in a copper-bearing granodiorite porphyry stock Santa Rita,New Mexico[J]. Econ. Geol.,63(1):37-50.

ROGER F,AMAUD N,GILDER S,et al.,2003. Geochronological and geochemical constraints on Mesozoic sururing in east central Tibet[J]. Tectonics,22(4):1037-1047.

SPURLIN,YIN A,HORTON B K,et al.,2005. Structural evolution of the Yushu—Nangqian region and its relationship to syncollisional igneous activity,east-central Tibet[J]. GSA Bulletin,117:1293-1317.

WANG Q,WYMAN D A,XU J F,et al.,2008. Riassi Nb-en riched basalts,magnesian andesites,and adakites of the Qiangtang terrane (Central Tibet):evidence for metasomastism by slab-derived melts in the mantle wedge[J]. Contributions to Mineralogy and Petrology,155(4):73-490.

YIN A,HARRISON T M,2000. Geologic evolution of the Himalayan-Tibetan orogen[J]. Annual Review of Earth and Planetary Sciences,28(1):211-280.